国防科技图书出版基金

军事组织协同的建模与分析

Modeling and Analysis of Military Organization Cooperation

卜先锦 著

国防工业出版社

·北京·

图书在版编目(CIP)数据

军事组织协同的建模与分析／卜先锦著. —北京：国防工业出版社，2022.4 重印
ISBN 978-7-118-06451-3

Ⅰ. 军... Ⅱ. 卜... Ⅲ. 协同作战—研究 Ⅳ. E837

中国版本图书馆 CIP 数据核字(2009)第 115792 号

※

国防工业出版社 出版发行

（北京市海淀区紫竹院南路 23 号　邮政编码 100048）
北京虎彩文化传播有限公司印刷
新华书店经售

*

开本 850×1168　1/32　印张 8½　字数 210 千字
2022 年 4 月第 1 版第 2 次印刷　印数 3001—3200 册　定价 99.00 元

（本书如有印装错误，我社负责调换）

国防书店：(010)88540777　　书店传真：(010)88540776
发行业务：(010)88540717　　发行传真：(010)88540762

致 读 者

本书由国防科技图书出版基金资助出版。

国防科技图书出版工作是国防科技事业的一个重要方面。优秀的国防科技图书既是国防科技成果的一部分，又是国防科技水平的重要标志。为了促进国防科技和武器装备建设事业的发展，加强社会主义物质文明和精神文明建设，培养优秀科技人才，确保国防科技优秀图书的出版，原国防科工委于1988年初决定每年拨出专款，设立国防科技图书出版基金，成立评审委员会，扶持、审定出版国防科技优秀图书。

国防科技图书出版基金资助的对象是：

1. 在国防科学技术领域中，学术水平高，内容有创见，在学科上居领先地位的基础科学理论图书；在工程技术理论方面有突破的应用科学专著。

2. 学术思想新颖，内容具体、实用，对国防科技和武器装备发展具有较大推动作用的专著；密切结合国防现代化和武器装备现代化需要的高新技术内容的专著。

3. 有重要发展前景和有重大开拓使用价值，密切结合国防现代化和武器装备现代化需要的新工艺、新材料内容的专著。

4. 填补目前我国科技领域空白并具有军事应用前景的薄弱学科和边缘学科的科技图书。

国防科技图书出版基金评审委员会在总装备部的领导下开展工作，负责掌握出版基金的使用方向，评审受理的图书选题，决定资助的图书选题和资助金额，以及决定中断或取消资助等。经评审给予资助的图书，由总装备部国防工业出版社列选出版。

国防科技事业已经取得了举世瞩目的成就。国防科技图书承担着记载和弘扬这些成就，积累和传播科技知识的使命。在改革开放的新形势下,原国防科工委率先设立出版基金,扶持出版科技图书,这是一项具有深远意义的创举。此举势必促使国防科技图书的出版随着国防科技事业的发展更加兴旺。

设立出版基金是一件新生事物,是对出版工作的一项改革。因而,评审工作需要不断地摸索、认真地总结和及时地改进,这样,才能使有限的基金发挥出巨大的效能。评审工作更需要国防科技和武器装备建设战线广大科技工作者、专家、教授,以及社会各界朋友的热情支持。

让我们携起手来,为祖国昌盛、科技腾飞、出版繁荣而共同奋斗!

国防科技图书出版基金
评审委员会

国防科技图书出版基金
第六届评审委员会组成人员

主 任 委 员	刘成海
副主任委员	宋家树　蔡　镭　程洪彬
秘 书 长	程洪彬
副 秘 书 长	彭华良　贺　明
委　　　员 (按姓氏笔画排序)	于景元　才鸿年　马伟明　王小谟 甘茂治　甘晓华　卢秉恒　邬江兴 刘世参　芮筱亭　李言荣　李德仁 李德毅　杨　伟　吴有生　吴宏鑫 何新贵　张信威　陈良惠　陈冀胜 周一宇　赵万生　赵凤起　崔尔杰 韩祖南　傅惠民　魏炳波
本书主审委员	周一宇

序

军事协同基础理论研究是联合作战指挥理论研究的一项基础性工作。信息化条件下联合作战对军事组织间的有效协同提出了越来越高的要求,近年来,随着联合作战理论研究的深入,有关军事协同方面的理论研究正引起人们的高度关注,但目前研究还主要集中在定性研究层面。因此,迫切需要一本系统研究军事组织协同方面的著作,以适应信息化条件下联合作战理论研究及训练实践的要求。

卜先锦同志所著《军事组织协同的建模与分析》一书,对军事协同的基本概念,军事组织协同的结构、过程及效应等内容进行了全面深入的阐述,综合运用组织学、决策科学和系统科学等相关理论,采用定性与定量相结合的方法,探索建立了相关定量模型,并运用案例加以验证和分析。该书包含了作者近年来在军事组织协同模式、协同机制、协同规则及协同效果等方面的研究成果,针对性强,具有前瞻性,有很好的应用和理论研究参考价值。

我国军事协同基础理论研究还刚起步,特别是介绍定量分析研究军事组织协同方面的书籍、论文还不多见,相信该书的出版,会对我国相关研究和实践产生重要的推动。

本书集中地反映了军事运筹和组织决策领域的新思想、新理论,并融入作者多年来有关协同作战的研究成果,可作为高等院校军事学研究生教材,亦可作为军事研究人员的研究参考书。

中国工程院院士

2009 年 5 月

前　言

军事组织冲突的本质是交战双方之间的体系对抗。通常,军事研究人员习惯于用对策论的方法来研究军事问题,但是运用对策论方法必须基于一系列假设,一旦假设不成立或某一方改变策略,则另一方采用的策略就会形同虚设。因此,用对策论的方法研究军事组织冲突问题具有一定的局限性。但对于某一方自身来说,合作前提透明,也容易实现,因而更便于研究。

协同是一种高层次的协作过程。军事组织的协同在于达成时间、空间以及决策主体的认知一致性,实现组织目标。随着网络和信息技术的发展,协同单元信息共享,客观上为协同创造了条件,使协同的作用更加容易发挥,因而越来越受到军事专家们的关注。

协同是提高指挥员指挥能力的必备手段,是军事组织日常训练、作战演习的必备科目。遗憾的是,目前对协同的研究基本处于定性层次。迄今为止,还没有一本系统地定量地研究军事组织协同方面的著作。本书在参照国内外有关文献的基础上,系统地研究有关军事组织协同的概念、结构、过程和方法等内容,分析协同机制、规则、认知、决策、手段、信息等要素,建立协同结构、过程、效果相关模型,并对模型进行仿真验证。

本书主要内容分为 10 章:第 1 章为概述,主要介绍有关协同的概念。第 2 章介绍了协同有关理论、方法与技术,提出了 3 种作战协同模式。第 3 章将"簇"的概念引入到军事组织中,提出了基于"簇"的分割方法,研究军事组织协同结构。第 4 章采用了 Bayes 假设检验理论,分析协同机制,建立了相关协同决策规则和协同效果模型。第 5 章分析了影响协同因素的不确定性,建立相关的知识熵模型。第 6 章分析了作战组织的网络特性，建立网络协作模型，设计相关案例，并用探索性分析方法进行验证与分析。第 7 章分析了协同作战的网络效应，建立其网络化效果模型。第 8 章对协同的度量与评估进行分析。第 9 章介绍了协同的实验设计，并给出一应用案例。第 10 章指出协同存在的问题及研究方向。

本书是作者多年来对军事组织协同的研究成果，其内容反映了军事运筹和组织决策领域的新思想和新理论，可作为高等院校军事学研究生课程的教材，也可作为有关军事指挥和工程技术人员的参考书。在本书的准备和撰写过程中，得到了徐一天和沙基昌两位老师一如既往的支持和帮助，得到了军事科学院江敬灼研究员和王辉青研究员的关注和鼓励，国防大学胡晓峰教授和国防科技大学张维明教授给本书提出了非常宝贵的意见和建议。本书还得到了海军航空工程学院何友教授的关心。此外，国家自然科学基金委员会管理学部也为本书的研究工作提供了阶段性支持。在此一并向他们表示诚挚的谢意。

对军事组织协同的研究是一项探索性工作，本书观点只是一家之言，难免会有错误和不妥之处，希望读者批评指正。

作者
2008 年 12 月

目 录

第1章 概述 ………………………………………………… 1

1.1 协同概述 ………………………………………………… 1
    1.1.1 协同的定义 ………………………………………… 1
    1.1.2 协同的特征 ………………………………………… 4
    1.1.3 协同的条件 ………………………………………… 5

1.2 协同组成、地位和意义 ………………………………… 6
    1.2.1 协同的组成 ………………………………………… 6
    1.2.2 协同的地位作用 …………………………………… 10
    1.2.3 协同的意义 ………………………………………… 11

1.3 协同与决策 …………………………………………… 13
    1.3.1 协同域 ……………………………………………… 13
    1.3.2 协同决策 …………………………………………… 15

1.4 联合作战与协同 ……………………………………… 17

参考文献 …………………………………………………… 18

第2章 协同理论与方法 ……………………………… 19

2.1 协同方法与技术 ……………………………………… 19
    2.1.1 Petri 网方法 ……………………………………… 20
    2.1.2 多主体协同技术 …………………………………… 23

2.2 协同模式 ……………………………………………… 25
    2.2.1 3 种协同模式 ……………………………………… 25
    2.2.2 协同模式与网络中心战 …………………………… 26

2.3 协同决策理论方法 ································· 28
　　2.3.1 基于认知的 RPD 方法 ······················ 28
　　2.3.2 协同动力学模型 ···························· 29
　　2.3.3 协同度方法 ································ 31
　　2.3.4 双层规划协同决策方法 ···················· 31
　　2.3.5 信息熵的协同决策方法 ···················· 32
2.4 协同理论方法与现实的冲突 ······················ 38
参考文献 ·· 40

第3章 协同结构分析 ································· 41

3.1 协同结构分类 ····································· 41
　　3.1.1 基于复杂系统的协同结构 ·················· 42
　　3.1.2 基于战术协同指挥的结构 ·················· 44
　　3.1.3 基于信息流的协同结构 ···················· 44
3.2 协同结构优化模型 ································· 46
　　3.2.1 两层作战单元规划模型 ···················· 46
　　3.2.2 信息结构与协同策略 ······················ 51
3.3 协同结构与簇 ····································· 54
　　3.3.1 关键信息元素与概念空间 ·················· 54
　　3.3.2 簇的概念及特点 ···························· 56
　　3.3.3 簇的分割 ·································· 58
　　3.3.4 簇分割运用 ································ 63
参考文献 ·· 65

第4章 基于 Bayes 假设检验的协同模型分析 ········· 66

4.1 Bayes 决策 ······································· 66
　　4.1.1 Bayes 推断 ································ 66
　　4.1.2 假设检验和决策 ···························· 68
4.2 三种结构协同分析模型 ··························· 71

  4.2.1　集中式结构协同分析 ·· 72
  4.2.2　分散式结构协同模型 ·· 77
  4.2.3　分布式组织结构协同模型 ·· 80
  4.2.4　3种信息结构的协同比较与分析 ······························ 84
 4.3　无通信损失协同方法 ··· 87
  4.3.1　逐步递进法算法步骤 ·· 87
  4.3.2　逐步递进法求解及解例 ··· 88
 4.4　有或无通信对协同效果的影响分析 ··································· 94
  4.4.1　有或无通信损失协同 ·· 94
  4.4.2　解例及分析 ··· 94
 参考文献 ·· 100

第5章　协同不确定分析及知识模型 ·· 101

 5.1　信息不确定性描述与知识度量 ·· 101
  5.1.1　关键信息元素的正态模型 ······································ 101
  5.1.2　基于信息熵的知识度量 ··· 102
 5.2　关键信息元素关联推测方法 ··· 104
  5.2.1　权重的确定 ··· 105
  5.2.2　关联程度与相对熵距 ·· 108
 5.3　基于信息质量的协同模型 ··· 111
  5.3.1　误差的产生 ··· 112
  5.3.2　知识度量 ··· 112
  5.3.3　度量偏差方法 ·· 115
  5.3.4　知识熵 ·· 117
  5.3.5　信息质量与协同效果 ·· 117
 5.4　案例研究 ·· 122
  5.4.1　背景及作战过程 ··· 122
  5.4.2　模型的建立 ··· 123
  5.4.3　仿真设计及数据来源 ·· 124

                5.4.4　结果及分析 ………………………………… 126
                5.4.5　两种仿真结果的比较 ……………………… 130
    参考文献 …………………………………………………… 132

第6章　作战组织网络协作模型 ………………………………… 133
    6.1　作战组织与网络复杂性 ………………………………… 133
        6.1.1　作战组织网络的复杂性 …………………………… 133
        6.1.2　作战网络的协作结构 ……………………………… 134
    6.2　网络协作度及模型 ……………………………………… 135
        6.2.1　协作能力和信息获取能力 ………………………… 135
        6.2.2　网络连接度 ………………………………………… 137
        6.2.3　网络与信息冗余收益 ……………………………… 142
        6.2.4　网络协作度 ………………………………………… 148
    6.3　网络协作度对作战效果影响 …………………………… 152
        6.3.1　网络性能 …………………………………………… 152
        6.3.2　网络协作对作战效果的影响 ……………………… 152
    6.4　仿真解例 ………………………………………………… 153
        6.4.1　背景描述 …………………………………………… 153
        6.4.2　参数确定及方法 …………………………………… 154
        6.4.3　结果分析 …………………………………………… 155
        6.4.4　结论及进一步问题 ………………………………… 158
    参考文献 …………………………………………………… 158

第7章　协同作战的网络效应 …………………………………… 159
    7.1　作战组织的网络类型 …………………………………… 159
    7.2　作战组织的网络特性 …………………………………… 160
        7.2.1　节点类型及特点 …………………………………… 160
        7.2.2　作战网络的矩阵描述 ……………………………… 162
        7.2.3　Lanchester方程网络描述 ………………………… 164

7.3 协同作战网络化效果模型 ································· 165
　　7.3.1 协同作战"圈" ··································· 165
　　7.3.2 圈的类型和作用 ································· 166
　　7.3.3 协同作战的网络化效应 ··························· 169
7.4 协同作战网络的核心迁移 ······························ 174
　　7.4.1 网络突增性与网络潜在结构 ······················· 174
　　7.4.2 协同作战网络的演化 ····························· 176
7.5 网络特性对协同效果的影响案例 ······················· 181
　　7.5.1 背景描述 ······································· 181
　　7.5.2 随机断连及特征值模型 ··························· 183
　　7.5.3 数据及关系 ····································· 183
　　7.5.4 仿真及结果分析 ································· 186
参考文献 ·· 188

第 8 章 协同的度量与评估分析 ································· 189

8.1 协同的度量 ··· 190
　　8.1.1 协同度量层次 ··································· 190
　　8.1.2 协同度量指标 ··································· 190
8.2 作战组织指标分析 ··································· 193
　　8.2.1 协同层次 ······································· 194
　　8.2.2 协同内容 ······································· 195
　　8.2.3 评估指标选取的原则 ····························· 195
　　8.2.4 评估指标分析 ··································· 196
　　8.2.5 指标分析及约简 ································· 199
　　8.2.6 评估指标模型 ··································· 200
8.3 指标体系及评估模型 ································· 212
　　8.3.1 指标体系构建 ··································· 213
　　8.3.2 评估模型 ······································· 213
参考文献 ·· 217

第 9 章 协同作战设计及应用案例 218

9.1 协同作战设计及方法 218
9.1.1 实验设计 218
9.1.2 实验方法 219
9.2 背景及作战过程描述 220
9.2.1 背景描述 221
9.2.2 作战过程 222
9.3 数学模型的建立 226
9.3.1 探测距离小于打击距离条件下的模型 226
9.3.2 探测距离大于打击距离条件下的模型 230
9.4 仿真结果及分析 231
9.4.1 实验次数的确定 231
9.4.2 仿真结果分析 233
参考文献 237

第 10 章 进一步研究的问题 238

10.1 协同副作用 239
10.2 协同网络的复杂性 240
10.2.1 协同决策复杂性 241
10.2.2 决策主体认知一致性 242
10.2.3 复杂性与风险 243
10.3 同步的实现问题 244
10.4 进一步的研究工作 246
参考文献 247

Contents

Chapter 1 Summary ··· 1

    1.1 Cooperation Summary ·· 1
        1.1.1 Cooperation Definition ································ 1
        1.1.2 Cooperation Characteristic ···························· 4
        1.1.3 Cooperation Condition ································ 5
    1.2 Cooperation Composing, Statute & Function ············· 6
        1.2.1 Cooperation Composing ······························· 6
        1.2.2 Cooperation Statute & Function ···················· 10
        1.2.3 Cooperation Significance ····························· 11
    1.3 Cooperation & Decision Making ·························· 13
        1.3.1 Cooperation Domain ·································· 13
        1.3.2 Cooperation & Decision making ···················· 15
    1.4 Joint Operations & Cooperation ·························· 17
    Reference ·· 18

Chapter 2 Cooperation Theories & Methods ················ 19

    2.1 Cooperation Approaches & Techniques ················· 19
        2.1.1 Petri Net Approaches ································ 20
        2.1.2 Multi-agent Cooperation Techniques ·············· 23
    2.2 Cooperation Modes ··· 25
        2.2.1 Three Cooperation Modes ·························· 25
        2.2.2 Cooperation Modes & Net Center War ·············· 26

  2.3 Cooperation Decision-making Theories & Methods ··· 28
    2.3.1 RPD Methods Based on Cognition ················ 28
    2.3.2 Cooperation Dynamics Models ···················· 29
    2.3.3 Cooperation Degree Models ······················· 31
    2.3.4 Bi-level Programming Cooperation
       Decision-making Methods ························ 31
    2.3.5 Information Entropy Cooperation
       Decision-making Methods ························ 32
  2.4 The Conflicts between Cooperation Theory & Reality ······ 38
  Reference ··· 40

Chapter 3 Cooperation Structure Analysis ····················· 41

  3.1 Cooperation Structure Taxonomy ······················· 41
    3.1.1 Cooperation Structures Based on Complex Systems ··· 42
    3.1.2 Structures Based on Cooperation Commands ········ 44
    3.1.3 Structures Based on Information Flows ············· 44
  3.2 The Cooperation Structure Optimum Models ·········· 46
    3.2.1 Bi-level Programming Model ······················ 46
    3.2.2 Information Structure & Cooperation Strategy ······ 51
  3.3 Cooperation Structure & Cluster ······················ 54
    3.3.1 Critical Decision Making Element &
       Its Concept Space ································ 54
    3.3.2 Cluster Character ································ 56
    3.3.3 Cluster Segmentation ····························· 58
    3.3.4 The Application in Cluster Segmentation ············ 63
  Reference ··· 65

Chapter 4 Cooperation Model Analysis Based on Bayesian Hypothesis Test ····························· 66

  4.1 Bayesian Decision Making ····························· 66

    4.1.1 Bayesian Inference ································ 66
    4.1.2 Hypothesis Test & Decision Making ················ 68
  4.2 Three Structure Models for Cooperation Analysis ··· 71
    4.2.1 The Cooperation Decision Making Model of
      Centralization Structure ······························ 72
    4.2.2 The Cooperation Decision Making Model of
      Decentralization Structure ···························· 77
    4.2.3 The Cooperation Decision Making Model of
      Distribution Structure ································ 80
    4.2.4 Comparison & Analysis Among Three Structure
      Cooperation Decision Making ························ 84
  4.3 Cooperation Methods under Communication
    Non-loss ·· 87
    4.3.1 Step-to-Step-up Method Arithmetic Step ············ 87
    4.3.2 Step-to-Step-up Method Solution & Resolving
      Example ··· 88
  4.4 Analysis on Influence Cooperation Effect under
    Loss or Non-loss Communication ·························· 94
    4.4.1 Cooperation under Loss or Non-loss Communication ··· 94
    4.4.2 Example & Analysis ·································· 94
  Reference ·· 100

Chapter 5 Cooperation Uncertainty Analysis & Its Knowledge Model ································ 101

  5.1 Information Uncertainty & Knowledge Measure ······ 101
    5.1.1 The Normal Model of Critical Elements ············ 101
    5.1.2 Knowledge Measure Based on Information Entropy ··· 102
  5.2 Critical Element's Relevancy & Concluding
    Method ·· 104

	5.2.1	Relevancy Right-weight 105

       5.2.2 Relevancy Degree & Relative Entropy Distance 108
  5.3 Cooperation Models Based on Information Quality ... 111
       5.3.1 Error Origin 112
       5.3.2 Knowledge Measure 112
       5.3.3 The Methods for Measuring Deviation 115
       5.3.4 Knowledge Entropy 117
       5.3.5 Information Quality & Cooperation Effect 117
  5.4 Case Study 122
       5.4.1 Background & Combat Process 122
       5.4.2 Modeling 123
       5.4.3 Simulation Design & Its Date 124
       5.4.4 Conclusion & Analysis 126
       5.4.5 Comparison with Two Simulation Result 130
  Reference 132

Chapter 6   Network Collaboration Models on Operation Organization 133

  6.1 Operation Organization & Network Complexity 133
       6.1.1 Operation Organization Complexity Description ... 133
       6.1.2 Collaboration Structure of Combat Network 134
  6.2 Network Collaboration Degree & Its Models 135
       6.2.1 Collaboration and Obtaining Information Capability ... 135
       6.2.2 Network Connectivity Degree 137
       6.2.3 The Benefits of Network and Information Redundancy 142
       6.2.4 Network Collaboration Degree 148
  6.3 Influence on Network Collaboration Degree to Combat Effects 152

		6.3.1	Network Performance	152

6.3.2 Influence on Network Collaboration to Combat Effects 152

6.4 Simulation Example 153

    6.4.1 Background Description 153

    6.4.2 Parameter Choice & Its Method 154

    6.4.3 Result & Analysis 155

    6.4.4 Conclusion & Farther Problems 158

Reference 158

Chapter 7 Cooperation Combat Network Effect 159

7.1 Operation Organization Network Type 159

7.2 Operation Organization Network Characteristic 160

    7.2.1 Node Type & Characteristic 160

    7.2.2 Operation Network Matrix 162

    7.2.3 The Network Description Lanchester Equation 164

7.3 Network Effect Model of Cooperation Egagement 165

    7.3.1 Network Cooperation Egagement Loop 165

    7.3.2 Loop's Type & Function 166

    7.3.3 Network Effect of Cooperation Egagement 169

7.4 The Core Transfer of Cooperation Eigagement Network 174

    7.4.1 Network Extrusive Increase & Its Potential Structure 174

    7.4.2 Cooperation Egagement Network Evolvement 176

7.5 Cooperation Effects on Influence of Network Characteristic Case 181

    7.5.1 Background Description 181

7.5.2 The Stochastic Connected & Cut Model & Eigenvalue ……… 183
7.5.3 Date & Its Relation ……… 183
7.5.4 Simulation Result & Analysis ……… 186
Reference ……… 188

Chapter 8 Cooperation Measure & Evaluation Analysis ……… 189

8.1 Cooperation Measure ……… 190
 8.1.1 Cooperation Measure Layer ……… 190
 8.1.2 Cooperation Measure Index ……… 190
8.2 Analysis of Combat Organization Cooperation Index ……… 193
 8.2.1 Cooperation Layer ……… 194
 8.2.2 Cooperation Contents ……… 195
 8.2.3 Principle of Evaluation Index Selection ……… 195
 8.2.4 Evaluation Index Selection Analysis ……… 196
 8.2.5 Index Analysis & Concision ……… 199
 8.2.6 Evaluation Index Model ……… 200
8.3 Index System & Evaluation Models ……… 212
 8.3.1 Constituting Index System ……… 213
 8.3.2 Evaluation Models ……… 213
Reference ……… 217

Chapter 9 Cooperation Engagement Design & Application Case ……… 218

9.1 Cooperation Engagement Design ……… 218
 9.1.1 Experiment Design ……… 218
 9.1.2 Experiment Method ……… 219
9.2 Description of Background & Combat Process ……… 220
 9.2.1 Background Description ……… 221

    9.2.2 Combat Process ·· 222
  9.3 Mathematic Modeling ·· 226
    9.3.1 Model of Detection Distance More Than Strike Distance ·· 226
    9.3.2 Model of Detection Distance Less Than Strike Distance ·· 230
  9.4 Simulation Result & Analysis ·· 231
    9.4.1 Selection Experiment Times ·· 231
    9.4.2 Simulation Result Analysis ·· 233
  Reference ·· 237

Chapter 10 Problems & Direction in Cooperation ·········· 238

  10.1 Cooperation Side-effect ·· 239
  10.2 Complexity of Cooperation Network ·· 240
    10.2.1 Complexity of Cooperation Decision-making ··· 241
    10.2.2 Decision Making Body's Cognition Consistency ··· 242
    10.2.3 Complexity & Risk ·· 243
  10.3 Problems of Realized Synchronization ·· 244
  10.4 Studying Works Further ·· 246
  Reference ·· 247

第1章 概　述

1.1 协同概述

协同起源于协作,是一种高层次协作。根据协同的应用领域不同,存在多种定义。一是指军事组织间的协同;二是指计算机支持的协同工作;三是指"协同学"理论所述的系统达到某种"涌现"行为状态。本书研究的协同,是指军事组织单元之间的协同,包括作战单元、人机系统、指挥个体等。

1.1.1 协同的定义

军事组织的协同有多种定义,目前主要有以下几种:

第一是俄罗斯的沃罗比约夫在《俄军合同作战原则》一书中的定义。协同是指"军队或者兵力为达成战斗或者战役目的而按照目标、任务、地点以及遂行任务的时间和方法而采取的协调一致的行动"。

第二是《中国人民解放军军语》(简称《军语》)中的定义。协同是指"诸兵种的兵团、部队、分队遂行共同战斗任务而进行的协调配合"。

第三是《中国军事百科全书·战术分册》中的定义。协同是指诸军兵种、部队为遂行共同的战斗任务,在统一的指挥下,根据统一的意图和计划协调一致的战斗行动,又称协同动作。

第四是美国 RAND 公司 2002 年研究报告《信息时代作战效能的度量——网络中心战对海军作战效果的影响》中的定义。协同是指参加作战的各部分为了达到共同的目标而一起努力工作的过程。

上述定义中,前两种定义强调协同作战单元(部队或分队)为实现共同目标而进行的协调配合,这时,组织间的协同动作需要决策,且决策行为是并行的。第三种定义将协同理解为有统一指挥的战斗行动,突出指挥员的作用,强调在统一指挥下指挥员之间达成认知的一致性。第四种定义,强调在信息共享条件下,指挥员达成认知上的高度一致性。该定义是符合信息时代要求,使协同的内涵得到了延伸。实际上,协同组织单元不仅包含了指挥员,而且还包含了为指挥员达成认知高度一致性的通信、信息处理等装备。理解协同的定义,需要把握如下几点。

(1) 参加协同的组织单元需在两个以上,具有一定层次结构,且存在最终决策的一方。

(2) 协同目标是共同一致的。协同意味着为了一个共同的目标而一起工作,如果协同各方交换信息行为与共同作战意图毫无关,则不属于协同行为。

(3) 协同要求各协同方的行为主动积极。协同在达成一致作战意图时,需要协同方主动地共享态势或作战概念、规则等。当信息系统被动地共享数据、信息或知识,而非主动行为,不属于协同。此外,一些指挥中心例行的简报或约定,如"在8点钟集合或者每周三晚11点给执行静默的潜艇发送报文信息"等都不属于协同。

(4) 协同需遵守一定的规则。协同的规则要在作战计划中形成,且有统一指挥,当协同行动失败时,可以重新制定规则。

(5) 协同的重要手段是通信。协同要求主动通信作为共同工作的一部分,如协同目标是建立战场态势感知,处于不同地域不同职能的作战人员,能够利用自身的不同知识、专门技能、拥有信息及能力,积极通信,及时控制军事行动,这样可以避免相互干扰和冲突。

(6) 协同目标最终发生在认知域。图1-1描述了两个协同单元协同目标的实现,其中虚线矩形框代表协同过程。

协同形成在信息域和认知域,达成在认知域,实现在物理域。

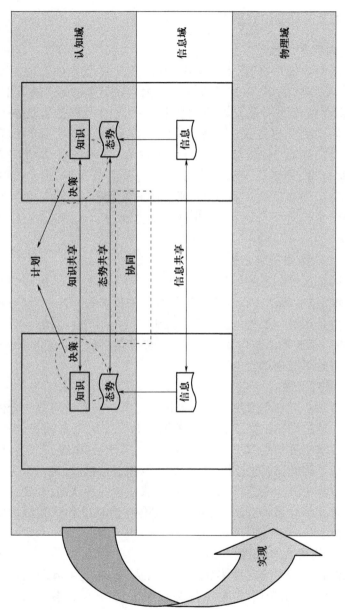

图 1-1 协同与域的关系

1.1.2 协同的特征

1. 内容多维性

协同内容的多样性,是指协同内容涉及多个方面。包括交流方式、所需要的事件、连续性、广度、内容的优势度、领域范围、结构、职责以及协同单元之间的关联。协同的多样性首先表现在完成协同的交流方式(如海军编队指挥员在计划实施兵种联合作战时使用数据链、战场上的话音技术、电子邮件等协同方式)的多样性,使得研究人员在度量协同及其效果时,常常力不从心。为了便于研究人员观察、评估协同的特性和效果,必须对协同的多维性进行分解,找出几种典型方式,控制其重要核心关键要素。

2. 主体数量不确定性

协同单元控制者的延伸就是协同主体,主体反映了协同的参与者是谁,包括协同过程是否利用所有相关技术等。此外,参与者的数量也是相当重要的,它直接影响到协同的时间和质量。当条件相同时,就未来该做什么以及如何去做才能达成共识,更多的人需要更多的时间来确定共同目标。

3. 域交叉性

主要指协同在信息域和认知域进行交叉。在基础等级和个体之间可以通过简单的共享信息和数据来共同完成工作,而真正的协同则要求指挥员通过共享知识或分析对态势的理解,在定性层次上完成。因此,协同大多数是在认知域和信息域内,当一个主体在协同过程中产生新想法后,这种新想法就是一种认知,交换这一思想就要在信息域内完成,表明协同就会在信息域和认知域内实现了交叉。

4. 结构层次多样性

协同在结构上会产生多种差异。首先,是决策主体职权结构多样化,如作战组织协同中,指挥关系等级、上下级关系清晰的单元存在结构的不同,另外,同级协同单元在作战方式上也会存在不同。即便决策员是专家或者是复合型指挥人才时,实体在职责上也是有差异的。其次,结构还包括多种通信模式,即实体间的连通连接方式。最后,结构还依赖于不同的具体任务,当协同发生在具有不同职责、寻求协调行动的个体之间时,协同完成某一任务,也可能临时性,也可能是长时间的。

1.1.3 协同的条件

随着计算机技术的发展,协同单元实现了信息共享,为协同创造了条件。这时,协同被赋予了新的内容。从军事组织作战域的划分来说,作战行动通常是在"物理域""信息域""认知域"三个域内实现的,也有的认为还包括"社会域"。协同在通信落后的情况下,其实现基本靠人的感觉和认知,协同受到很大的限制。而在网络条件下,协同的作用更加明显。协同的实现条件具体包括以下几项:

1. 信息共享

信息共享是指在信息域内协作单元之间信息共用。这些协作单元可以是人,也可以是数据库、模型库、计划编制或者火力控制程序等。信息共享是实现共享感知的前提,也是实现协同的关键。

信息共享形式也可多种多样。当两个或多个协作单元的地理位置非常接近时,可通过声音面对面交换信息,也可利用肢体语言交换信息。如果在某种情况下,利用视觉手段加以弥补,则需要事先通过制定规则来进行约定。例如,海军舰船上的信号兵运用"旗语"或"灯光"进行交流等,这些已经形成了国际海军或海员进行交流的惯例。当实体单元之间的距离较远时,需要利用某种技术共享信息。例如利用电话、电子邮件、数据链终端等。

2. 知识共享

知识共享是协作单元决策的基础。在实现协同过程中,不同协作单元均存在某种程度的知识共享,如图 1-1 所示中决策人的知识共享。军事指挥员利用训练与条令在参加协同的单元之间实现高水平的知识共享，以使协作单元能够理解并按照计划行动。尤其是协作单元在没有沟通或者试图实现自我同步的情况下，按照计划行动成为实现目标的关键。此外，知识共享还可以更好地实现对协作单元的指挥与控制，帮助协作单元实现同步。

3. 态势共享

态势共享是协作单元能够建立相似的感知。这种感知取决于对协同以及同步的类型与程度的需要程度。影响态势共享因素有多种，包括信息共享以及知识共享的实现程度，且这些因素也受到协同实体单元文化、观点以及感知兴趣等方面的影响。在没有详细作战计划的情况下，态势共享是实现同步行动的重要条件。态势共享的度量很复杂，通常不能直接度量，这时可利用可测行为及对主体的直接问询，进行间接度量。

1.2 协同组成、地位和意义

1.2.1 协同的组成

在协同中，军事组织单元分布在广泛的区域上，为了完成任务，指挥员必须建立一个指挥和控制的组织结构，以便有效处理复杂的战场态势。好的作战组织结构在很大程度上决定于传感器、通信设备和武器系统。例如，没有通信的情况下，指挥决策人员只能按照指挥原则进行指挥，也称为"开环指挥"。当有通信时，各作战节点可协同，将兵力火力等资源协调运用，这种指挥也称为"闭环指挥"。由于传感器和指挥员的分布式特征与作战组织是直接相关联的，所以，在信息传递的过程中存在损失问题，主要表现在时间的延迟和指挥员执行规则的繁琐，最终导致指挥员执行困难，给协同带来负面影响。

1.2.1.1 协同的构成

军事组织中，协同的构成要素主要有 5 个，即协同对象、协同结构、协同目标、协同手段以及协同指挥(决策)。如图1-2所示[1]。

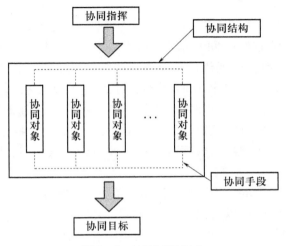

图1-2 协同要素组成

（1）协同对象：主要指协同对象的实体，如决策指挥员、作战组织设备以及协同的机制与规则等。指挥员是决策人，是协同的主体，负责各自作战单元中协同行动的实施，其协同的水平与指挥员的认知能力有关。很大程度上，决策主体、协同机制和规则是协同的"软对象"要素，而作战装备，如传感器、计算机和通信设备、显控台等，它们是协同的"硬对象"要素。没有这些硬件要素，则没有信息的获取和信息的流动。信息是决策最为重要的要素，它来源于传感器、数据库或其他信息源，可为决策人提供决策支持，它是协同指挥的依据。而信息在作战组织之间的流动，又为协同提供了有效手段。协同机制和规则是作战计划前制定的有利于协同和作战的一系列协同机制和规则，它是实现协同目标的约束条件。

（2）协同结构：参加协同的作战组织实体单元，依据战术协同组成完成一定任务构成的结构。协同对象在实施协同过程中，遵循一定的结构，由于其组成构造不同，所以其功能也不尽相同。

(3) 协同目标:参加协同的作战单元在指挥员辅助决策下,实现共同的目标。协同目标根据作战的目的,可以变化,具有一定的时间性。

(4) 协同手段:作战组织战术协同的手段主要靠通信,传统通信手段通信时间长、信息损失大、保密性较差,是工业时代的产物,不适合现代信息化作战的需要。信息时代最典型的是联合作战和一体化作战,其协同手段主要靠数据链技术,数据链技术可在立体空间构建数据传输交换和信息处理网络,直接连通相关的指挥控制、武器控制系统,为指挥员提供相互间的数据交换和控制。数据链实现指控单元信息共享,为研究协同创造了条件。

(5) 协同指挥:主要指协同组织单元中的指挥决策,协同指挥的好坏反映了作战指挥员本身的素质,协同指挥是一种主观行为,其指挥的好坏反映了指挥员对客观世界的认知能力。

1.2.1.2 影响协同效果的要素

协同效果是参加协同的作战单元相互协调配合而产生的功效和作用。协同效果的好坏取决于具体协同目标的实现程度。影响协同效果的主要因素有协同结构、通信手段、协同时间、协同的机制和规则、指挥员的认知水平、信息的质量等。

(1) 协同结构:主要指协同作战单元的组成和信息流构成情况。多作战单元或多决策节点之间的信息结构影响了决策时间的长短,因而也影响了协同的效果。

(2) 通信手段:通信手段是协同的基础。通信的延迟导致决策时间和协同时间的延长,最容易贻误战机。另外通信质量直接导致信息的破缺,也会带来决策上的损失。例如对目标有或者无的情况判明,通信损失直接影响其效果。

(3) 协同时间:协同的过程是参战作战单元的决策过程,决策时间直接影响协同时间。理论上,时间越长,决策质量越好,时间越短,决策质量越差。也就是说,决策质量提高是以牺牲时间为代价的,这必然导致协同时间的延长,影响协同目标的实现。而军事组织决策由于时间的限制,指挥员必须根据作战经验和知识,在不完全信息下做出决策。基于不完全信息条件下的正确决策需要指挥员的智慧和经验。

(4) 协同机制和规则:机制和规则是协同目标的约束条件,可以事先约定。对协同机制和规则执行的好坏与指挥员的素质是直接相关的,协同机制和规则制定的简单程度影响了协同的进程和协同的时间,最终影响了协同的效果。

(5) 指挥员的认知水平:协同都是在认知域内实现的,即便是面对面的交流,协同者也需要向其协同伙伴发送如语音、手势等信息,产生交互,从而形成感知、知识、理解以及概念等。大部分情况下,作战指挥人员的协同是通过事先拟制方案计划、召开会议、举行讨论进行的,但是直接进行交流往往是异步的,如电子邮件等。由于协同者在语言、军事背景、对目标认识程度、协同方法与技术的理解等存在差异,导致信息交互质量往往是不同的。

认知对于协同具有很大的潜在优势,它对于军事指挥人员更好地了解军事态势及其驱动要素具有明显的价值。通过认知协同,使得获得改进计划编制的机会增多,从而增加指挥员对态势认知和战场环境的预见性。特别是针对复杂问题的处理,协同可以增加决策的科学性,能够产生更好的选择。同时,协同将增进计划编制与执行之间的联系,有利于在快速变化的环境中获得更有效判断能力。

(6) 信息质量:在网络条件下的协同,一方面各作战节点的传感器在获取信息后,要在一定时间内对信息进行处理,而时间段范围的选取直接关系到信息的完备性和新鲜度,影响了信息质量;另一方面,经过信息融合后的共享信息,消除了作战单元决策节点信息的偏差和误差的不确定性,导致决策网络知识的增长,提高了决策的准确性,从而影响了协同的效果。

影响协同效果的要素又是相互关联的,例如协同时间和信息质量就是矛盾的。协同的信息流结构、指挥员的认知水平高低、决策机制规则简化程度都会影响协同时间。

1.2.2 协同的地位作用

世界各国军队的军事行动都强调作战协同,协同已成为军事组织取得胜利重要手段之一。19世纪作战中,"随着炮火声前进"的作战经验,是在没有详细协同情况下指挥员实现同步行动的例子。而到了第二次世界大战期间,盟军的"霸王行动"是军事指挥员实现计划同步的典范。网络条件下,协同追求的目标不仅仅是协同计划的执行,更重要的是要实现协同单元在时间和空间上行动的一致,实现火力同步效果。因此协同的地位和作用更加突出。

1. 协同是军事组织研究作战问题聚焦的核心

美军、俄军、日本自卫队军事论著中将战术协同作为一项重要的作战原则进行研究。《俄军合同战斗原则》明确指出:"没有协同便没有胜利"。《美军作战手册》指出:美国海军作战要则重要的一条就是"协调配合,相互支援,形成整体作战力量"。艾森豪威尔曾强调:"战争虽然在陆、海、空3个层面进行,但是如果这3个层面的力量不能有效地结合和采用协同行动,以打击一个经过适当选择的共同目标,那么它们的最大潜力就不能得到发挥"。随着战争实践的逐步积累,军事人员和技术人员,对协同的认识也逐步加深,协同理论也相应得到了发展。协同由开始阶段军事组织参加协同单元之间的自发协同配合逐渐演变为有目的、有意识的协调配合,最终协同发展到以文件、条令、条例加以规定,协同意义由一般作战单元之间的协同扩展到信息化战争中不同兵种、不同武器之间单元的协同。

2. 研究协同为军事组织对抗提供战法支持

军事冲突的本质问题是敌我双方的体系对抗,用对策论方法研究军事对抗问题具有一定的局限性,特别是对方策略的动态变化,增加了对抗的难度。如对目标的分配问题,在一定条件下,对于我方的分配是最优的,但是当对方目标数量、队形等要素发生改变,则我方的策略可能是劣解。而对于己方来说,合作要素是透明的,也容易实现,因而研究己方的合作对取得作战的胜利显得更加重要。从管理学角度,协同可实现上 $1+1>2$ 的整体效应,而且有可能实现 $1+1>3$ 或大于 4 的效果。

据统计,美国在海湾战争中,几乎 95% 作战行动的胜利是在协同的情况下取得的。因此,需要对协同结构、机理、方法及效果进行深入分析和研究,以实现作战效果的增长。目前,在协同作战方面的研究以定性较多,如何采用适当的模型和分析方法系统地研究军事组织协同,已经成为军事作战指挥决策分析中关注的课题,目前国内在这方面的系统研究仍处于空白之中。

1.2.3 协同的意义

作战组织单元在物理意义上是"协同单元",而在网络组织中成为"节点"。美国国防部和 MIT 在 20 世纪 80 年代就以海军编队为研究对象,对编队作战组织单元的群决策问题进行探索性研究。特别是 20 世纪 90 年代末以来,伴随信息优势转化为决策优势的提出,协同的研究再度成为军事组织决策和作战组织设计的研究热点,并取得了一定的阶段性理论成果。但是,迄今为止,这些理论研究成果缺乏一定的系统性。而现实中,伴随军兵种之间的联合作战和一体化作战的需求,协同的研究已成当务之急。

(1) 丰富了群决策理论的研究内容:协同作战是一种连续的决策行为,由于协同对象实体至少有两个,所以,协同作战也属于群决策研究内容。传统的一般决策理论研究主要基于经典的排序理论和系统工程思想。现实问题中,任何一个决策离不开其他人的参与,所以群决策的研究也最为学术界所关注。美国学者海萨尼(J. C. Harsanyi)根据人的决策行为,将群决策分为两类:一类是从人的伦理道德观念出发,追求群体的整体利益,研究各决策成员间利益无冲突的决策问题;另一类是群体中决策成员各自追求自身的利益,且追求价值与其他人对立,即成员间存在利益冲突的对策(也称为博弈)。本书的研究只考虑合作决策中群体人员利益一致性的群决策问题。

(2) 满足协同自身理论发展的需求:计算机和信息技术的进步推动了协同理论与技术的发展,也引发了协同研究的理论现状与作战组织发展需求之间的矛盾,主要集中体现在以下三个方面:一是作战组织大多采用分布式结构,信息量大,传统的决策理论难以描述这种结构变化以及对信息处理的要求;二是信息共享的态势认识,缩短了指挥员的决策周期,对指挥员要求高。由于决策主体的属性(知识、水平、决策能力、工作负荷等)的不同,对事物反映时间、认知水平等也不同,导致其在执行协同机制和规则中最终能否达到一致性难以检验;三是协同过程复杂,协同设计中,制定协同机制和规则的难度增加,对决策主体一致性理解要求高,协同机制和规则如何与决策主体的执行能力相匹配,缺乏有效的支撑理论和方法。作战组织协同的建模与分析是这些研究的重要内容之一。

(3) 提高作战组织单元的协同效果研究是当今军事理论研究的前沿和热点:20世纪80年代末以来,美国海军编队针对空中快速飞行器的巨大威胁,发展了"协同交战能力"(Collaboration Engagement Capability,CEC)系统,以全面提升海军编队的对空防御能力。21世纪初以来,美国海军为适应新的海上霸主战略,其海军及其陆战队陆续调整了结构,在战法上,凭借信息技术的优势,崇尚海军战斗群"一体化"联合作战理念,走"网络中心战"的发展道路。在武器装备上,重视信息技术对装备的升级改造,走发展精确制导武器的道路。特别是美国海军在装备上紧紧围绕联合作战任务的需求来审查和评估武器装备计划项目,优先发展与联合作战有关的项目,包括更有效的火力支援系统实施同步打击,在对方火力圈外进行攻击的武器群发展战略,这些系统联合和作战构想都是以作战组织的协同为基础的。2002年,美国RAND公司针对"网络中心战",发表了《信息时代作战效能的度量——网络中心战对海军作战效果的影响》研究报告,试图用基于图论理论中连接度的概念来研究定量协同效果模型,并对协同效果进行了探索性分析研究。可见,对作战组织协同进行建模与分析研究,不仅是一项前沿的理论,而且也是当今世界军事研究的热点问题。

(4) 适应军事变革和军事装备发展的需求:传统的以平台为中心的孤立作战,通信质量差,协同能力十分有限,也难以适应联合作战和一体化作战的需求。单纯在战法上,试图用独特的先进的作战理论来弥补装备的天生不足是一值得商榷的策略。对装备改造、引进、研发等办法是军事装备发展有效途径,海军编队的联合作战所必需的传感器和数据链技术,使编队作战平台实现信息共享,为研究协同作战创造了物质条件,也迫切需要加强作战组织单元战术协同的理论研究。

1.3 协同与决策

1.3.1 协同域

协同离不开指挥和控制。自第二次世界大战以来,随着武器装备机械化进程的加快,人们对指控组织的理论研究越来越重视。特别是 20 世纪 80 年代以来,计算机和信息技术的进步为协同的建模与分析研究带来新的契机。作战组织协同在精确打击、快速决胜中产生了巨大的效应,并且这种效应的魅力已在科索沃战争、阿富汗战争以及伊拉克"倒萨"战争中得到了充分展现,协同的魅力所产生的影响引起世界各国军队的广泛关注。军事组织协同主要在为 4 个域发生:

(1) 物理域:兵力管理、机动、打击、保护等军事行动所涉及的实际区域,物理平台、通信网络驻留的实际环境等。

(2) 信息域:提取、加工、处理和存储信息的区域,在此域内,信息可以共享,作战意图和计划被传送,包括信息系统、处理设备和传输网络等。

(3) 认知域:完成感知、认识、理解、推断和决策等认知活动的区域,认知域存在于决策主体的头脑中,同时也是价值、信念和决心的发源地。

(4) 社会域:组织、指控体系、个体与个体、个体和设备间关系存在的区域。

物理域、信息域和认知域是作战组织中最为主要的,也有学者认为作战组织由物理域、信息域和认知域三个域构成,将社会域融合在其他3个域之中。图1-3所示为物理域、信息域和认知域的转换情况。

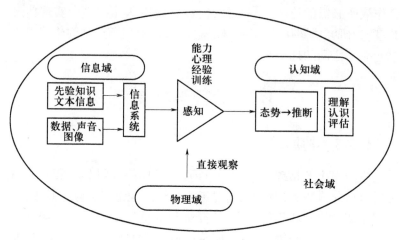

图1-3 作战域之间关系

作战信息在物理域、信息域和认知域中经历产生、过滤、变换、传输和利用等一系列过程。物理域内的作战信息通过直接或间接方式以声音、数据等不同形式进入信息域,在此进行滤波、融合和处理,或通过感知直接进入认知域,在认知域中构成认识和决策的基础。指挥员的决策和行动,直接或间接影响战场态势的发展,反过来改变了进入信息域和认知域的信息,循环往复。可见,信息战中选择决策者的认知作为攻击点是一种经济、有效行为,这也是信息战的高级形态研究的问题之一[2]。

1.3.2 协同决策

1.3.2.1 概述

协同方式的不同,作战单元的决策实施方法也不同,一般可归纳为3种形式,即基于团队(Team Work)的决策方法、基于计算机辅助的决策方法和基于多学科知识集成的决策方法。

1. 一般决策和群决策

对于某作战单元,指挥员为了实现自己的目标,完成作战任务,通过指控系统的辅助决策和自身的作战经验做出的决策,称为一般意义上的单个决策。如果作战行动由多个平行作战单元组成,且每个作战单元为单个决策,则将多个单个决策方案用定量方法进行合成形成最终决策方案,称为一般意义上的群决策。

军事组织的协同是以作战单元之间信息流为基础的。所以,理解上述内容需要把握三点:第一,多个作战单元要分层次,这符合军事指挥结构的特点,如果所有各作战单元的地位是等同平行关系,则作战单元决策节点之间的联合决策就是群决策。第二,作战单元的决策节点围绕一个共同的目标进行不断的决策,尽管单个决策节点有自己的目标函数,但是必须服从整体目标。第三,协同是一个动态的过程,各作战单元决策节点按照一定协同机制和规则进行动态决策,如果作战单元决策节点被损,则整个系统通过重组又构成一个新的系统,也就是说,协同的过程可以动态重组。

2. 群决策和协同的区别

协同是一种特殊的群决策。对于完成具体作战任务来说,作战组织决策是由分层的多作战单元决策组成的,其协同具有群决策的特点。由于协同作战的各作战单元分散在一定的时间和空间内,并且具有一定层次结构,因而,作战组织的协同又不同于群决策。

一般群决策和协同研究的共性在于它们增加了决策的科学性,将风险降低到最低水平。尽管协同的过程是各个组成部分不断协作决策的过程,但是协同与一般的群决策又有所不同。从决策主体看,一般群决策主体是人,属于多人决策;而军事组织协同主体可以是人,也可以是人机系统、信息、装备等。从决策结构看,一般群决策的决策主体是平行等价的,决策主体处在同一层次,其决策中心既可以是现实的(追求某种效用价值),也可是"虚拟"的(追求某种一致性价值),而军事协同是在不同层次上完成的,决策中心明确。从决策时间上看,一般群决策对时间的要求没有军事组织协同的要求高,作战组织单元之间的协同对时间要求更快。从解的形式看,一般群决策关注个体偏好的集结,而协同是以达成决策规则的一致性或以信息熵为测度标准(损失最小),都是以满意解或最优解为准则的,并且解的形式是动态的这里对一般情况的决策、群决策和协同进行了比较,如表 1-1 所列[3]。

表 1-1　3 种决策的比较

类别＼内容	组成	决策关系	协作条件	解的形式	决策结果
单个决策	单个单元	无	无	最优、满意或非劣解	动态
群决策	多单元	并行关系	规则	最优或满意解	静态
协同	多单元	层次关系	机制和规则	最优、非劣解	动态

1.3.2.2　收益与代价

追求协同效果的最大化是多少年来人们关注和运筹分析的问题。特别是 Lanchster 方程的诞生,从理论上说明了集中优势兵力的道理后,很多军事人员似乎萌生出协同等价于集中优势兵力,使得军事人员千方百计谋求协同作战,取得优势兵力"平方律"的效果。令人遗憾的是,当协同的条件(如协同单元之间通信畅通或网络带来的信息共享等）不能够得到满足的时候，协同的副作用也是很突出的。其原因一是通信手段，它直接影响协同的效果。在通信手段落后的情况下，协同效果大打折扣。1986年美军空袭利比亚，由于凯尔索中将所在的航空母舰与联合作战的美国空军F-111战斗轰炸机之间信息不能互通，信息只能通过美国空军总部转告，延误了时间，从而影响海空协同效果。

军事指挥人员是协同的倡导者，且大多数协同发生在认知域内。当协同用于确保高效完成任务时，其正确的度量标准应是性能度量，表明如何利用更少的资源获得同样级别的效能，或者如何利用同样级别的资源获取更高的效能。这些度量标准关注任务完成后剩余部队的水平或能力，但是也有考虑在任务完成过程中协同实体协作中的损耗。当协同关注所完成任务的本身时，正确的度量标准应该是效能度量，也可以扩展到部队效能的度量或者决策效果的度量等。

1.4 联合作战与协同

协同是协同单元为实现同一目标共同努力的过程，协同作战是军事术语，是一种作战手段，不论是联合作战、合同作战均包含协同作战理论，所以，协同理论是联合作战、合同作战的基础。

按照《军语》的表述，联合作战是指两个以上的军种或两个以上国家、政治集团的军队，按照总的企图和统一计划，在联合指挥机构的统一指挥下共同进行的作战。一般来说，联合作战的规模为战役以上。联合作战包含了联合作战的力量、指挥、行动等要素。在力量上，联合作战必须是军种之间或者是国家、政治集团军队之间的作战，而不是兵种之间的作战，且由两个以上不分主次军队组成。在指挥上，强调军种指挥独立性的同时，必须在总的企图和统一计划下行动，不由哪一个军种实施。在作战行动上，联合作战是一系列军种作战行动构成，就相互之间的关系而言，它是一种协同作战;就作战目的而言,它是军种相互间取长补短的整体作战。联合作战从战略上体现是一种作战思想,而从战役战术层次上体现是一种作战样式和作战形态。

合同作战是以某兵种为主,以军种为辅,由单一军种合成指挥机构统一指挥的作战。在力量构成上,合同作战包括军种内诸兵种,由兵种构成作战单位。如海军水面舰艇编队在空军预警机引导下的对空防御行动,属于以海军水面舰艇为主空军预警机为辅的合同作战。合同作战指挥由为主的军兵种实施,直接指挥配合的军兵种;合同作战强调的是战术过程,它是战斗的总和。

协同作战,一般是指不同的力量、在不同领域、围绕一个共同的目标一起作战。协同作战是一种作战方式和手段。协同贯穿联合作战和合同作战过程,联合作战理论研究的是军中间的协同作战理论,合同作战理论研究是某军种内部兵种之间的协同作战理论。所以,作战理论上,联合作战和合同作战均为协同作战。从技术的角度上说,协同作战不仅仅是一种兵力配合而达到同一目的,它强调的是作战单元为实现同一目标,共同努力的指挥和决策过程。

参 考 文 献

[1] 许腾.海军战术协同论[M].北京:海潮出版社,2002.
[2] 沙基昌,等.战争设计工程技术研究[J].系统工程理论与实践,2005,25(6):66-70.
[3] 卜先锦.战术指控系统协同效果建模、分析与应用[D].长沙:国防科技大学,2006.

第2章 协同理论与方法

协同学理论从系统演化的角度研究系统特性,解释了军事组织的协同效应的现象,如兵败倒戈时的突变效应等。这种研究是基于大系统的思想,而在军事组织中,协同更多被看做一种行动和手段。协同学和军事组织的协同在研究对象、基本原理、方法手段以及研究内容方面有所不同,如表2-1所列。

表2-1 协同学和军事协同理论比较

内容 种类	研究对象	基本原理	方法手段	研究内容
协同学	协同系统	支配原理	解析法	系统的序参量对系统状态的影响
军事组织协同	军事作战单元	决策和群决策	解析法、模拟仿真等	协同结构、手段、机制、效果

从表2-1可以看出,协同学和军事作战协同是有区别的。目前从协同学与军事协同研究文献看,也有这方面的具体研究,但也只是定性和说明性的,看不到具体定量模型。

2.1 协同方法与技术

协同是指不同的力量,围绕一个共同目标的行动配合过程,它可以在多级结构的之间进行。这种不同的力量所属的单位称为协作实体,也称做单元或者组织。现在网络作战,协同行为是在指控系统的支持下实施的。所以,从协同单元看,支持协同行动的系统是基于计算机技术的决策支持系统(Decision Support System,

DSS)和智能决策支持系统(Intelligence Decision Support System, IDSS)。以计算机技术为主导的协同技术随协同实体、环境和目标的不同而有所变化,例如,海军水面舰艇编队协同防空作战中,如果协同实体由舰艇平台上的防空导弹和小口径火炮组成,则协同可在编队级进行,如果协同实体由预警机和防空舰完成,则协同可在不同兵种间进行。不同的协同目标对协同技术要求也是有区别的,例如,海军水面舰艇编队协同防空,其协同实体可以按目标、按防空区域以及按来袭目标方向协同,这些协同中所采用的技术和方法直接影响协同效果的评估。此外,网络条件下,不同节点实现了信息共享,为协同创造了条件。这时,协同技术主要是面向多平台、多节点和多指挥决策人员,协同的实现涉及通信技术、数据链技术以及网络技术。目前,有一些成熟的方法和技术,主要包括有Petri网描述方法、多主体协同技术和信息共享条件下复合跟踪与识别、捕获提示等技术。

2.1.1　Petri 网方法

在军事协同中,决策人员在军事组织中的决策行为可以通过图2-1采用的步骤进行描述:首先从环境中接受信息,接着判断与评估态势;然后对信息进行融合处理,并解释命令;最后对情况处理做出选择。显然,军事组织中指挥员的决策行为是一种信息转换的顺序过程,因而,可以通过建立Petri网模型进行决策行为的描述。而军事组织的决策行为是一个团队的群决策行为,是众多决策人员之间的交互行为,这种

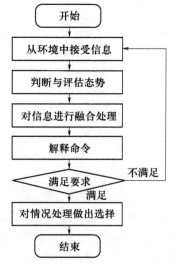

图2-1　军事组织协同决策步骤

交互行为的描述与分析需要建立在单个决策人员信息处理与决策的 Petri 网模型基础之上。

用 Petri 网方法对协同行为进行研究,主要以乔治梅森大学 C^3I 研究中心为代表。它在研究单个决策人员 Petri 网模型基础之上,对军事组织描述和适应性提出了不同的概念和方法。同时,针对军事组织在战场环境中的特点以及现代 C^3I 系统的设计与分析,在以下几个方面取得一定的成果。

Petri 网交互模型及关系描述

Petri 网交互模型,主要思想是将军事组织中决策主体之间的交互作用建立在交互式决策主体的 Petri 网模型基础之上,决策主体的决策过程是一个信息转换过程,其转换要经过 4 个处理过程:态势评估(Situational Awareness,SA)、信息融合(Information Fuse,IF)、命令解释(Command Interpret,CI)和输出选择(Export Selection,ES)。决策过程的 Petri 网模型如图 2-2 所示。

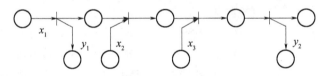

图 2-2　交互式指挥的 Petri 网模型

图 2-2 中,一方面决策人员(Decision-Maker,DM)可以在态势评估(SA)、信息融合(IF)和命令解释(CI)过程接受输入 x,在态势评估和过程产生输出 y,且不同决策人员的 SA 与 IF 之间的信息交换属于决策人员之间的信息共享;另一方面,从一个 DM 的 RS 可向另一个 DM 的 IF 传递它的决策信息,这类交互属于结果共享。如果从一个 DM 的 RS 向另一个 DM 的 CI 传递信息,则是前一个 DM 向后一个 DM 发布命令,这种交互作用体现了上下级关系。指挥员之间的交互作用一般是信息共享型、结果共享型和上下级命令型 3 种形式。

基于交互式决策的 Petri 网模型中,主要存在两个决策人员

DM_i 与 DM_j 之间的交互,其中 i,j 为不同的决策人员,如图 2-3 所示。

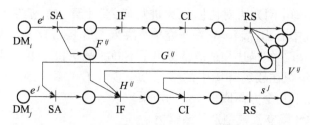

图 2-3 决策人员间的交互模型

为了表述组织与外部环境之间的连接关系,环境的输入可用 N 维矢量 E 表示,其元素为 e^i,从 RS 到外部环境的输出用 N 维矢量 S 表示,其元素为 s^j;从 DM_i 的 SA 到 DM_j 的 IF 的连接记为 F^{ij}。假设组织中有 N 个决策员,由于各 DM 可以与其余 $N-1$ 个 DM 分享态势信息,所以基于连接 F^{ij} 形成的矩阵 F 为 $N \times N$ 矩阵,矩阵的对角线元素为 0,即没有自身到自身的交互。同样,也可以建立 DM 之间的另外 3 个连接矩阵关系。

(1) G:从某一 DM 的 RS 到另一 DM 的 SA 的链接矩阵关系。

(2) H:从某一 DM 的 RS 到另一 DM 的 IF 的链接矩阵关系。

(3) V:从某一 DM 的 RS 到另一 DM 的 CI 的链接矩阵关系。

G、H 和 V 也为 $N \times N$ 矩阵,矩阵的对角线元素为 0。由此,可以建立组织的矩阵关系描述,如图 2-4 所示。

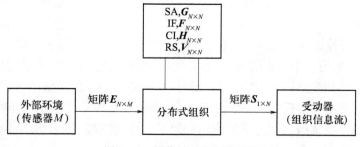

图 2-4 协作关系的矩阵描述

如果协作单元是分布式的组织模式,则可采用6个矩阵关系描述,其中,$E_{N \times M}$为组织通过传感器同外部环境的交互获取信息,M为传感器的个数。为了描述组织内的角色与外部直接关系,$S_{1 \times N}$为组织决策信息的流向,最终将组织信息处理的最后结果转到受动器。其余四矩阵关系可表示为

$$\begin{cases} G = [G^{ij}] \\ F = [F^{ij}] \\ H = [H^{ij}] \\ V = [V^{ij}] \end{cases}, \quad 且\ i = j, G^{ij} = F^{ij} = H^{ij} = V^{ij} = 0$$

(2-1)

因此,协同单元的六元组矩阵关系 G,F,H,V,E,S 各元素的取值不同就对应不同的组织结构。

利用 Petri 网技术能够建立人的决策过程模型,所以,在军事组织的描述和建模分析与设计中得到了广泛的应用。除以上研究外,还有不少学者提出了基于 Petri 网建模的许多新的概念和方法,如准静态组织(Quasi-static Organizations)、准静态适应性组织、可变结构决策组织(VDMO)和固定结构决策组织(FDMO)等。在可变结构决策组织中,组织的可变性被划分为3类:输入的可变性(Flexibility),如任务的变化;同环境交互结构的可变性(Reconfigurability);组织内的参数结构的可变性(Survivability),如结点的摧毁、资源的缺乏或交流的堵塞等。

2.1.2 多主体协同技术

多主体协同技术,起源于20世纪80年代,由 MIT 的艾琳·格雷夫(Irene Greif)和 DEC 的保罗·卡什曼(Paul Cashman)等人提出并发展而来,其主要内容为计算机支持的协同工作(Computer Supported Cooperative Work,CSCW)。CSCW 将地域分散的群体借助计算机及其网络技术(CS),共同协作来完成一项任务(Cooperative Work,CW)。CSCW 的广泛应用前景主要集中在军事、远程教

育、合作科学研究以及电子商务等领域。

CSCW 的研究目标是如何提高组织群体中各成员间的协调配合水平。群体协作具有一定的层次结构,例如,高层次的"总体目标的协调"和"具体任务协作"就是在两种不同层次上的协同工作。"总体目标的协调"主要内容是任务划分和分工细化,对时间要求没有限制;"具体任务协作"要求群体成员针对具体的任务和目标进行协同工作,通常对时间要求有明确的限制。CSCW 研究的热点集中在多主体(Multi-Agent,MA)协作研究。

目前,MA 协作理论已成为人工智能、军事仿真研究的重要工具,它主要研究 MA 在分布式开放的动态环境下,通过交互、合作、竞争、协商等智能行为完成复杂的任务求解。基于 MA 协作在商业联盟的建立、协同的设计获得了成功,其亮点是 MA 设计策略的基础在于所有主体互利共赢,而这些在军事组织的协同中受到很大的限制,因为军事组织的协同的出发点是达到组织联合行动总体上的"全赢"。为了达到这个目的,在整个作战过程中,必须要对作战资源进行重新分配,这样对于单个主体可能要受损失。

MA 协作理论与技术的研究主要面向两类复杂的应用环境。一是在作战组织网络中物理域上分散的节点,这些节点具有一定的自主行为能力,军事作战组织各作战节点就属这一类;二是集中式管理问题,从本质上说,它可通过分布式算法取得更好的解。从 MA 协作机制建模的过程看,有协作规划模型和自协调模型。协作规划模型主要用于为多个作战节点(Agent)制定协调一致的决策问题求解规划。Durfee 提出的部分全局规划(Partial Global Planning,PGP)方法允许各 Agent 动态合作。共享规划模型是另一种协作规划模型,它将不同理解状态的期望(这种期望考虑了一个组织的联合行动)定义成一个公理集合来指挥群体中成员采取行动完成任务。自协调模型是随环境变化而自适应调整行为的动态模型,具有代表性的是 Stone 等提出的协调模型。自协调模型的协作机制建模要考虑系统的鲁棒性。目前在我国已有一些基于 MA 战争模拟的探索性研究和战争设计工程方面的研究[2]。但总的来说，MA 协同技术在军事运用上还不成熟，尤其在协作机制方面，如协作时机、过程、机理、协议和稳定性等方面的研究还存在许多需要解决的问题，另外对决策主体属性的描述和处理通过不断的学习来动态定义，无论如何它还不能够替代人。

2.2 协同模式

2.2.1 3 种协同模式

协同 3 种模式和群决策 3 种模式是有关联的[3]。信息共享为协同创造了条件。通常，按照信息的传递和协同的统一指挥，将协同分为 3 种方式：即信息不共享下有指挥中心的协同、信息共享下无指挥中心的协同、信息共享下的有指挥中心的协同。

1. 信息不共享下有指挥中心的协同

这种协同方式最重要的特征是协同组织结构分散，指挥中心在各自平台上，并且信息协同方式是按照指挥中心所担负的责任进行的。这种协同方式就是传统意义上的平台为中心的协同，其结构分散，不能实现信息域内的信息共享，协同的进行完全依赖于通信、决策规则和指挥员自主地密切协作。

2. 信息共享下无指挥中心的协同

这种协同模式特点是作战单元实现信息共享，但是没有明确的指挥中心。对于信息共享但是无指挥中心的协同方式，在信息域上数据共享得到一定的扩展，因为没有指挥中心，数据通常在作战单元内处理，并没有在指挥层次或功能上实现真正的共享，并且协同的结果以报告、显示、计划、命令等产品的形式出现，这些产品格式简单，使用起来相对容易。但是当不同时间的信息产生延迟时，就会带来信息质量的问题。由于这种方式没有指挥中心，容易导致资源的浪费。例如，海上编队中两艘驱逐舰抗击两个目标，尽管编队信息共享，但是由于无指挥中心统一指挥，可能导致两艘驱逐舰抗击同一个目标，而对另一目标均不抗击。另外，互操作是传统意义上的协同较好的手段，而在无指挥中心条件下，互操作产生的副作用，一定程度上消弱了协同能力。为了提高协同能力，出于安全的考虑，需要在情报功能机构、后勤功能机构开发独立的通信系统，减少互操作产生的副作用。

3. 信息共享下的有指挥中心的协同

这种模式强调网络条件下的作战单元信息共享。其本质是在网络和指挥中心明确条件下，协同在信息域内得到了强化。第一，数据共享为开发战场空间通用视图提供了可能性，当传感器数据实现共享时，数据内固有的延迟形成数据信息并进行融合，使其成为产品并进行分发，使基础数据库的质量和信息质量得到了改进。第二，快速信息共享使指控中心能够迅速了解更多的信息，使得信息具有潜在的增效作用得到发挥的可能。第三，信息时代的系统，实现有指挥的信息共享，能够更好地利用作战原理、训练以及个人的技能为协同单元服务。信息共享下的有指挥中心的协同是真正意义上的协同。

2.2.2 协同模式与网络中心战

2.2.2.1 协同模式与产品

协同模式的提出加快了该模式下作战产品的开发，协同交战能力系统（CEC）的诞生是第三种模式下最具诱惑力的伟大产品。CEC 是美国海军在原 C^3I 系统的基础上为加强海上防空作战能力而研制的作战指挥控制通信系统。该系统利用计算机、通信和网络等技术，把航母战斗群中各舰艇上的目标探测系统、指挥控制系统、武器系统和舰载预警机联成网络，实现作战信息共享，同时由指挥中心统一协调作战行动。每艘舰艇都可以及时掌握战场态势和目标动向。对来袭的空中目标，可以由处于最佳位置的军舰组织拦截，从而大大提高整个航母编队的防空能力。

CEC的诞生还依赖现代海战的需求牵引。现代海上编队航母战斗群的防空系统面临巨大的挑战主要来自空中飞行器和精确制导武器。航母战斗群中各舰艇所具备的侦察能力都存在地域、范围、手段、精度的局限,独立侦察所获取的情报不能适应复杂环境下的作战需求。如果能够建立一个包括战场内所有舰艇的信息网络,将它们所获得的侦察情报加以综合,形成精度更高、范围更广、全局一致的战场态势信息,并为全舰队所共享,就能够取代传统的、各自为战的海上防空作战模式,实现真正意义上的协同作战。CEC系统正是为服务于这一目标而构建的作战指挥通信系统。

CEC系统的功能可概括为复合跟踪与识别、捕获提示和协同作战。CEC系统使海上防空发生了革命性的变化,充分体现了网络中心战的思想。

2.2.2.2 网络中心战

美军联合参谋部于1996年颁布"2010年联合构想",提出了"主宰机动、精确打击、全方位防护、集中后勤"等4项新的作战概念,指导各军种制定各自的战略设想和长期规划。在此背景下,美国海军则提出了一种新的作战思想——网络中心战(Network-Centric Warfare,NCW)。

网络中心战是相对于平台中心战而言的,是第三种协同模式的升级。在传统的平台中心战中,各平台主要依靠自身的探测器和武器进行作战,平台之间的信息共享非常有限,协同作战十分困难。网络中心战是美国海军根据新的作战任务,借用商业上成功的网络中心计算经验提出的。网络中心战的核心是利用计算机网络把地理上分散的部队、各种探测器和武器系统联系在一起,实现信息共享,实时掌握战场态势,缩短决策时间,提高指挥速度和协同作战能力,以便对敌方实施快速、精确、连续地打击。

2.3 协同决策理论方法

协同方式不同,作战单元的决策实施方法也不同,一般可归纳为基于团队(Team Work,TW)的决策方法、基于计算机辅助的决策方法和基于多学科知识集成的决策方法。作战组织的决策模型主要是依据作战组织的概念模型。由于作战组织的复杂性和非线性,出现了许多描述模型。目前对于作战组织协同决策最为重要的描述有以下方法和模型。

2.3.1 基于认知的 RPD 方法

基于认知的主识别决策(Recognition-Primed Decision,RPD)模型最早由 Gary Klein 提出,该模型强调基于模式识别的态势认知(SA)过程,态势认知过程的目标是向指挥员(指挥代理)提供对外面世界所发生事情的理解。

如果作战组织用反馈控制系统描述,如图2-5所示,则它为作战过程的一个控制环节。在这一环节中,由于涉及认知域中人的认知活动,难以定量描述,因而,作战结果的不确定性除了与克劳塞维茨的"战争迷雾"有关外,还与人的认知活动的复杂性有关。

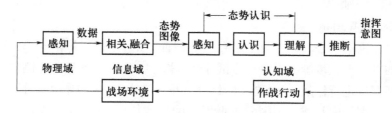

图2-5 指挥控制环中信息流结构

作战组织协同的设计基本依赖于基于数据库的(Management Information System,MIS)、基于模型库的 DSS 以及基于人工智能的 IDSS,但是作战单元群决策形成最终靠人。在分布式作战节点的分析设计中,协同的设计和制定更离不开具体的执行人——决策主体。在决策者的认知域中,战场信息被加工和处理,最后形成控制输出,其经历的处理环节为:感知→认识→理解→推断。认知活动的关键作用在于如何形成决策。

从感知到理解的过程就是态势认识,推断就是具体的决策形成。导致对战场环境变化问题认识不足主要有3个方面的原因:一是信息质量;二是指挥员的感知模式受制约;三是指挥员对与问题相关的情境熟悉程度和受训水平。决策主体对获取和维持态势认识的能力取决于目标、态势的复杂性、操作者的工作负载和压力程度、能力、经验、训练、个性等。对于这些个体内部的差异,1943年,苏格兰心理学家克雷克(Kenneth Craik)提出了"心智模式"研究该问题。心智模式主要通过环境的变化在决策主体大脑中建立现实的小规模模型,用于预料事件发展,它是真实、假设或想象现象的心理表达。

态势认知是心智模式的具体化结果,心智模式决定了不同决策主体的态势认知的不同,即使在协同规则明确、环境相同的条件下,决策主体的单个决策也是有差异的。基于认知的(Recognition-Primed Decision, RPD)模型强调基于模式识别的态势认知过程。特别指出的是,指挥员通过态势认知,设法回答这样的问题:外部世界感知到的情况是否是自己要识别的那种情况?因为在已知情况下,如果他识别了这种情况,那么他的经验(长期记忆)立刻告诉他应该采取哪个行动过程(Course of Action, CoA)。

2.3.2 协同动力学模型

协同动力学模型包括组织和自组织模型。在作战组织中,每个作战单元的决策主体按照指控中心统一指挥决策,以一定方式协调各自的行为,称为组织行为。而如果不存在外部给出的指令,各单元将按照某种规则默契配合,各尽其责地工作,这种行为就称为自组织。自同步就是自组织的一种行为。协同组织的动力学模型是从协同的结果描述的,没有考虑具体决策主体的决策行为。

组织行为用数学语言描述,可以表示为原因和结果的关系。假设 q 为结果,用 F 表示原因的大小。q 在短时间 Δt 的变化正比于 Δt 和原因 F 的乘积。考虑方程

$$\dot{q}(t) = F_0(q(t),t) \qquad (2-2)$$

在没有外力的情况下,不存在活动或没有输出,即期望 $q=0$。当失去力时,系统逐渐回到状态 $q=0$,这就要求当 $F=0$ 时,系统是稳定和阻尼的,这种类型的最简单方程可以表述为

$$\dot{q}(t) = -\gamma q(t) + F(t) \qquad (2-3)$$

式中:γ 为阻尼系数;F 为外部力。

式(2-2)的解为

$$q(t) = \int_0^t e^{-\gamma(t-\tau)} F(\tau) \mathrm{d}\tau \qquad (2-4)$$

q 表示系统对于施加力 $F(\tau)$ 响应,设人的指令行为描述为 $F(t)=ae^{-\delta t}$,积分式(2-4)并考虑到当 $\gamma \gg \delta$,即有

$$q(t) \approx \frac{a}{\gamma} e^{-\delta t} \equiv \frac{1}{\gamma} F(t) \qquad (2-5)$$

以此类推,考虑一组以指标 μ 来区别的子系统(各作战单元),每个子系统按照变量 $q_{\mu 1}, q_{\mu 2}, \cdots, q_{\mu n}$ 的集合来描述,并且引进集合 $F_1, F_2, \cdots, F_m$,允许在 q 之间耦合,耦合系数依赖于外部作用力 F_j,作用力可以出现在非齐次项中,这个项可能是 F_j 的一个结构复杂的非线性函数,这样写成矩阵形式,有

$$\boldsymbol{q}_\mu = \boldsymbol{A}\boldsymbol{q}_\mu + \boldsymbol{B}(\boldsymbol{F})\boldsymbol{q}_\mu + \boldsymbol{C}(\boldsymbol{F}) \qquad (2-6)$$

这里,$\boldsymbol{A}$ 与 $\boldsymbol{B}$ 是 $\boldsymbol{q}_\mu$ 无关的矩阵,当 F 趋于零时,不论 $\boldsymbol{B}$、$\boldsymbol{C}$ 中的所有元素是 F 的线性函数或者非线性函数,$\boldsymbol{B}(\boldsymbol{F}) \to 0$、$\boldsymbol{C}(\boldsymbol{F}) \to 0$。为了保证在失去外力时,系统式(2-6)是阻尼的或者稳定的,要求矩阵 $\boldsymbol{A} + \boldsymbol{B}(\boldsymbol{F})$ 的特征值具有负实部,即

$$Re\lambda < 0 \qquad (2-7)$$

这样就保证了 $\boldsymbol{A}+\boldsymbol{B}(\boldsymbol{F})$ 逆阵存在,也就是矩阵 $\boldsymbol{A}$ 行列式不等于零,即

$$\det|\boldsymbol{A}+\boldsymbol{B}(\boldsymbol{F})| \neq 0 \qquad (2-8)$$

考虑 B 和 C 的假定,有行列式 $\det|A + B(F)|$ 在 F 足够小时不为零。虽然对 $\dot{q}_\mu$ 来说,方程式(2-8)是线性的,但求解仍然很困难,如果 $\dot{q}_\mu \approx 0$,微分方程式(2-6)可以化为简单的方程组:

$$q_\mu = -(A + B(F))^{-1}C(F) \qquad (2-9)$$

式中:A、B 为矩阵,C 为矢量。这样方程求解就很容易。

另一种组织动力学模型是对于自组织的描述,它将外部作用力作为整个系统的一部分来描述,与前面进行对照,无论如何,我们也不能够将外力作为给定的力来处理,而是认为它们本身遵守运动方程。自组织动力学模型用于研究作战组织,从理论上可以解决作战单元实现系统的自同步的问题,但是副作用在于可能导致系统的"混沌"出现,在火力的运用上达不到同步的非线形优势的效果。最近几年的 C_2 国际会议上,对于编队作战组织作战单元自组织方面的研究也很少。

2.3.3 协同度方法

协同度模型将系统的协同效能从协同目标、协同对象、协同指挥和协同手段 4 个方面进行分层描述,建立评价指标体系,最后采用定性和定量方法进行集成。协同度模型描述的作战组织协同是建立在集中控制的基础之上的,而在基于网络的作战组织协同中,协同的目标与对象明确,协同由网络中的作战节点共享信息完成,协同指挥按照一定的作战原则进行,协同更强调协同手段即信息流的交互,强调将信息优势转化为决策优势。所以传统的协同度模型不适合基于网络的协同描述。参考文献[4-5]提出了基于网络的协作效能的描述方法。

2.3.4 双层规划协同决策方法

双层规划问题宽泛的运用背景是在军事决策领域,双层规划问题是一种具有两层递阶结构的系统优化问题,它包含一个上层问题和下层问题,上层和下层问题均有自己的约束条件和目标函数,上层的约束条件和目标函数不仅依赖于上层的决策变量,而且还依赖于下层问题的最优解,下层问题的最优解则受上层决策变量的影响。

双层规划理论为研究军事协同奠定了理论基础,但是军事协同的环境是具体的。也就是说,对于不同的环境,其上下两层决策的目标函数和约束条件是不同的,特别是约束条件可能是一系列决策规则的集合,所以,基于双层规划理论的协同在具体运用中是有条件的,特别是其约束条件为离散的决策规则时,设计算法和求解都相当困难[6]。

2.3.5 信息熵的协同决策方法

信息熵方法把人和系统看作一个信息处理者和信息系统,使用信息熵来描述协同单元的决策行为。具体地说就是把系统中总的不确定性看成系统的总活动量,人是"有限理性"限制决策的主体,对系统的不确定性和人的"有限理性"约束可用熵来进行量化与对比。

人的"有限理性"基于两点假设:一是组织中决策人员的行为完全是合理的,即决策人员十分熟练所执行的工作,知道如何选择与操作以获得最佳的效能,并竭尽全力去完成任务;二是决策人员的能力是有限的,其能力的有限性表现在信息处理和决策规划时有体力和脑力上的限制,工作负荷一旦超过这个限制,决策人员就完成不了所担负的工作。

2.3.5.1 熵及决策描述

设随机变量 X 的取值为 $x_i(i=1,2,\cdots,n)$,相应的出现概率为 $P(x_i)$,且 $\sum_{i=1}^{n} P(x_i = 1)$,随机变量 X 可表示如下:

$$X:\begin{cases} x_1, x_2, \cdots, x_n \\ P(x_1), P(x_2), \cdots, P(x_n) \end{cases} \quad (2-10)$$

则随机变量 X 的熵定义为

$$H(X) = -\sum_{i=1}^{n} P(x_i)\lg P(x_i) \qquad (2-11)$$

$H(X)$可以看成是X的平均不确定性,也表示它所携带的平均信息量。当X的某一概率取值为1时,$H(X)=0$,即不携带任何信息量;当所有x_i取等概率值时,$H(X)=\lg(n)$,变量X携带的信息量最大。

条件熵定义为

$$H(X_2 | X_1) = -\sum_{x_1} P(x_1) \sum_{x_2} P(x_2/x_1)\lg P(x_2/x_1) =$$
$$-\sum_{x_1 x_2} P(x_1,x_2)\lg P(x_2/x_1) \qquad (2-12)$$

$H(X_2|X_1)$为已知X_1时X_2所具有的平均不确定性,其中$P(x_1,x_2)$是X_1和X_2的联合概率,$P(x_1,x_2) = P(x_1)P(x_2/x_1)$。由式(2-11),$H(X_2|X_1)$可进一步表示为

$$H(X_2 | X_1) = H(X_1,X_2) - H(X_1) \qquad (2-13)$$

式中:$H(X_1,X_2)$为X_1和X_2的联合熵,可理解为熵的分解规划,即X_1和X_2的不确定性可分解为两部分,即已知X_1或X_2的不确定性,知X_2或X_1的不确定性。

2.3.5.2 熵的传输

传输是对随机变量之间关系的度量,记两个相关随机变量X_1和X_2之间的信息传输为$T(X_1:X_2)$,则传输可定义为

$$T(X_1:X_2) = H(X_1) - H(X_2 | X_1) =$$
$$H(X_2) - H(X_1 | X_2) =$$
$$H(X_1) + H(X_2) - H(X_1,X_2) \qquad (2-14)$$

当X_1和X_2独立时,传输量为零;当一变量能确定另一变量时为最大。若一个组织O含有n个随机变量,记$O = \{X_1,X_2,\cdots,X_n\}$,则$n$维随机变量之间的传输可表示为

$$T(X_1:X_2:\cdots:X_n) = \sum_{i=1}^{n} H(X_i) - H(X_1,X_2,\cdots,X_n)$$
$$(2-15)$$

式(2-15)表示组织内各随机变量之间的关联程度,是对组织内部协调量、互相依赖性或内部凝聚力的定量描述。

2.3.5.3 熵划分规则

设一个军事组织 O 有 $N-1$ 个内部随机变量 $W_1, W_2, \cdots, W_{N-1}$,一个输出端随机变量 Y,一个输入端随机变量 X,则组织信息熵划分规则可表示为

$$\sum_{i=1}^{N} H(W_i) = T(X:Y) + T_Y(X:W_1, W_2, \cdots, W_{N-1}) + T(W_1:W_2:\cdots:W_{N-1}:Y) + H(X \mid W_1, W_2, \cdots, W_{N-1}, Y)$$

(2-16)

依据组织的信息传输特点,式(2-16)可进一步表示为 $G = G_t + G_b + G_c + G_n$,式中各符号含义解释如下:

(1) $G = \sum_{i=1}^{N} H(W_i)$,称为总熵(或总活动量);总熵 G 是组织中单个随机变量熵之和。

(2) $G_t = T(X:Y)$,称为流通量;流通量 G_t 测量输入与输出端随机变量间的关联程度。

(3) $G_b = T_Y(X:W_1, W_2, \cdots, W_{N-1}) = T_Y(X:W_1, W_2, \cdots, W_{N-1}, Y) - G_t$,称为阻塞量;阻塞量 G_b 测量流入到组织的熵与从组织输出的熵之差。

(4) $G_c = T(W_1:W_2:\cdots:W_{N-1}:Y)$,称为协调量;协调量 G_c 测量所有 W_1 到 W_N 之间随机变量协调量,表征组织内部互相依赖性和内部凝聚力。G_c 可以看作组织内部的通信量,也可看作是组织为成功完成任务所要求的协作量。通常,组织面对的问题越复杂,则 G_c 越大,有时占到 G 中的绝大部分。G_c 反应了组织所面对问题的复杂性。

(5) $G_n = H(X \mid W_1, W_2, \cdots, W_{N-1}, Y)$,称为噪声量或内部决策量;噪声量 G_n 表征在输入端随机变量 X 已知的情况下有关组织的不确定性。

2.3.5.4 决策模型

信息熵引入为组织决策模型的建立和性能分析奠定了基础。在信息化战争中指挥员的决策模式又分为单个指挥员的自主决策和多指挥员之间进行协同决策。

1. 单决策模型及其组织熵

决策组织中单决策员模型如图 2-6 所示。

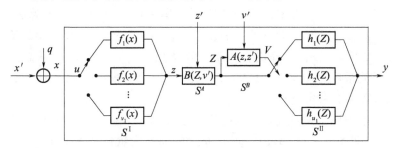

图 2-6 决策组织中单决策员模型

图 2-6 所示的单决策模型反映了人作决策时的 4 个基本步骤,即态势评估(SA)、信息融合(IF)、命令解释(CI)和输出选择(RS),其具体步骤如下:

第一步:SA。SA 由态势评估子系统 S^I 执行,是对组织外部输入的混合噪声信号 $x = x' + q$ 的测度,x' 为环境输入,q 为外加噪声。S^I 输出对外界情况的评估,其输出变量为 z,z 可以传输到信息融合子系统处理或其他决策人员(DM)作进一步的处理。S^I 对 x 的处理由 v_1 个函数 $f_1(x), f_2(x), \cdots, f_{v_1}(x)$ 进行计算。S^I 每次选择一个 f_i 来处理 x,算法 f_i 的选择由选择变量 u 按照策略分布函数 $P(u)$ 来决定。在决策模型中,u 是内部决策变量,$P(u)$ 也是已知的。

第二步:IF。IF 由信息融合子系统 S^A 执行,S^A 接受来自 S^I 的 z 和其他决策员(DM)传输过来评估信息 z',S^A 对信息 z 和 z' 的融合采用算法 $A(z,z')$ 产生适合决策的信息 Z。在该阶段,算法 $A(z, z')$ 是确定的。

第三步：CI。CI 由子系统 S^B 执行，S^B 接受来自 S^A 的 Z 和其他决策员的命令 v'，并采用算法 $B(Z,v')$ 确定 V，V 给出了对外界情况的处理应有的选择，包括有什么样的任务要完成，有什么样的命令要被执行和解释。同样，模型中算法 $B(Z,v')$ 也是确定的。

第四步：RS。RS 由子系统 S^{II} 执行，S^{II} 作出最终决策 y，和 S^I 相似，S^{II} 有 u_1 个算法可供选择，这些算法是确定的，S^{II} 根据不同情况分别由选择变量 v 或 V 确定算法。当没有 v' 时，S^{II} 根据策略分布函数 $P(v/Z)$ 做出选择，此时输出 $y = h_j(Z)$，h_j 为选择的算法；当存在其他决策人员的命令 v' 时，S^{II} 比较 v 与 v'，通过某种映射关系（如 $V = b(v,v')$ 作出新的命令解释 V，由于 v 由 Z 确定，故总的映射关系最终由 $V = B(Z,v')$ 决定，此时，S^{II} 根据策略分布函数 $P(v/Z,v')$ 做出选择。

基于单决策模型，决策组织 S 可以看作由 4 个子系统构成的系统，即 $S = (S^I, S^A, S^B, S^{II})$，系统的输入变量包括 x,z' 和 v'，其中 z' 和 v' 是从其他 DM 来，系统输出端变量为 y，系统内部决策变量为 u 和 v，f_i 和 h_i 为相应的内部决策算法。

根据信息熵的划分规则，组织总的活动量 G 可表示为

$$G = G_t + G_b + G_c + G_n \tag{2-17}$$

式中：G_t 为流通量，根据其熵的含义，它是组织中输入端随机变量 x,z' 和 v' 到输出端变量 y 之间的传输量，可表示为

$$G_t = T(x,z',v':y) \tag{2-18}$$

G_b 为阻塞量，可近似地表示为

$$G_b = H(x,z',v') - G_t \tag{2-19}$$

G_n 为噪声量，也称为内部决策量，在组织中 G_n 依赖于决策函数 $P(u)$ 和 $P(v/Z)$，故 G_n 可表示为

$$G_n = H(u) + H_Z(v) \tag{2-20}$$

G_c 为内部协调量，根据其熵的划分和含义，在组织 4 个子系统之间的内部协调量可表示为

$$G_c = T(S^I:S^A:S^B:S^{II}) + G_c^I + G_c^A + G_c^B + G_c^{II} \tag{2-21}$$

式中：G_c^I, G_c^A, G_c^B 和 G_c^{II} 分别为 $S^I S^A S^B$ 和 S^{II} 子系统内部变量之间

的协调量。各子系统内部协调量的分析与计算见参考文献[7]。

2. 两人决策模型及其组织熵

由于通信和网络技术的发展及其广泛应用,在信息化战争中,作战指挥不再是一种集中的方式,而是通过分布在战场不同区域的指挥员进行协同决策或并行决策。由此,建立组织的多人决策模型成为必要。本节重点介绍基于信息熵的两人决策模型及决策组织的描述,多人决策模型可采用类似的方法进行分析。决策组织中两人决策模型如图 2-7 所示。

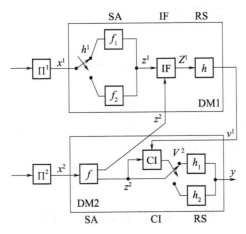

图 2-7 决策组织中两人决策模型

外部环境信息 x 经过划分矩阵按 $x^j = \prod^j x, (j=1,2)$ 分别输入至 DM1 和 DM2。

DM1 为组织中辅助决策员,接收较为详细的信息,并有两个 SA 的算法(f_1 和 f_2)可供选择,SA 的输出 z^1 至 IF 后,与从 DM2 来的 z^2 综合成 Z^1。DM1 无 CI,其 RS 只有一个算法 h,所产生的 v^1 可解释为 DM1 对态势的评估,并被送至 DM2 的 CI。

DM2 是组织中的主要决策员,接收较少的信息,且其 SA 只有一个算法 f,所产生的输出 z^2 与从 DM1 来的 v^1 结合产生输出 V^1,DM2 的 RS 有两个算法 h_1 和 h_2,所产生的输出 y 是整个组织的输出。

根据单决策模型组织熵的描述,可分别导出 DM1 和 DM2 在组织中的总活动量。DM1 的行为只有 SA、IF 和 RS,其输入包括变量 x^1 和 z^2,一个输出变量 v^1,一个内部决策变量 u^1 等。DM2 的行为包括 SA、CI 和 RS,包括输入变量 x^2 和 v^1,输出变量 z^2 和 y,一个内部决策变量 V^2,由此,由 DM1 所导致的组织活动量如表 2-2 所列。

表 2-2 两人决策时组织活动量的表示

名称	流通量	阻塞量	内部决策量	协调量	总活动量
DM1 表达式	$G_t^1 =$ $T(x^1,z^2:v^1)$	$G_b^1 =$ $H(x^1,z^2) - G_t^1$	$G_n^1 = H(u^1)$	$G_c^1 = G_c^{I1} +$ $G_c^{A1} + G_c^{II1} +$ $T(S^{II}:S^{A1}:S^{III})$	$G^1 = G_t^1 +$ $G_b^1 + G_n^1 + G_c^1$
DM2 表达式	$G_t^2 =$ $T(x^2,v^1:v^2,y)$	$G_b^2 =$ $H(x^2,v^1) - G_t^2$	$G_n^2 = H_{z2}(v^2)$	$G_c^2 = G_c^{I2} +$ $G_c^{B2} + G_c^{II2} +$ $T(S^{I2}:S^{B2}:S^{II2})$	$G^2 = G_t^2 +$ $G_b^2 + G_n^2 + G_c^2$

2.4 协同理论方法与现实的冲突

通过以上分析可知,尽管协同有多个理论方法和技术的支撑,但是对于完整系统地研究协同过程、度量、网络条件下的协同、协同的评价等尚显不足。这些现实问题带来的矛盾,制约同时也推动了协同理论方法和技术的发展。主要有以下几个方面。

1. 协同结构的复杂性制约了决策时间,使决策的难度加大

基于复杂系统的 4 种结构,考虑了协同中的通信和层次结构,如果问题域和约束条件是连续的,则可以采用多层规划模型求解。但是对于不同的环境,其上下两层决策的目标函数和约束条件是不同的,约束条件可以是一系列机制和决策规则的集合。如果决策规则是离散的,则设计算法和求解相当困难。所以,基于双层规划理论对于求解协同问题是有条件的。

作战指挥的协同结构是根据军队的编制和体制决定的,很难用数学语言描述清楚。基于信息流处理的3种协同结构要求通信和决策规则,这给问题的求解带来了不便。

2. 协同机制和手段直接影响协同时间,增大了对多节点协同效果的求解难度

基于认知的RPD模型、协同组织的动力学模型、协同度模型、双层规划决策模型是求解决策问题的模型求解,依赖一定的约束条件。基于认知的RPD模型是抽象的,其方法的基础是认知科学和智能决策支持系统。组织动力学模型将外部作用力作为整个系统的一部分来描述,环境和决策主体的动力方程如何得到是一个棘手的问题,该模型离开了协作主体所遵守的运动方程,组织的效能无法得到。协同度模型是基于作战效果评价协同的一个定性定量结合的方法,其指标体系的合理性受到质疑,使用也受限。多层规划决策模型的约束条件要求是连续的,而协同中约束条件是一些作战规则。

描述协同效果的组织效能度理论、基于效果的决策分析方法是理想情况的抽象。而基于假设检验的协同效果方法中,指挥员依据传感器信息,在执行这些协同规则中,将协作损失最小作为协同目标。该协同效果模型在分布式结构中考虑了决策和通信损失,这给问题的求解带来了不便。然而在网络情况下不考虑通信损失,使得求解简化。

3. 军事组织网络协同效果难以衡量

协同效果描述和度量难的原因是决策是人机系统,而最终决策是人,也最为复杂。就现有的研究来看,协同效果主要考虑作战组织协同的结构、机制、协作模型。而对影响协同效果的通信、指挥员决策和协同时间、指挥员的认知水平、决策依赖的信息质量缺乏深入的研究。

对于一多决策节点(指控单元)构成的网络,其影响网络协同的关键信息元素较多,作战节点信息共享,彼此存在关联。这种关联一方面影响了协同时间,从而影响信息的新鲜度和完备性,另一方面又减少了信息的偏差,这对提高信息质量有益。如何在两者之间寻求平衡涉及指挥员的指挥艺术。

4. 网络条件下的协同评价等其他问题

从主观上说,协同单元的决策主体是人,其协同结构受制于协同机制和规则、决策主体的认知能力和通信等。客观上,网络技术的发展,军事组织构成了网络组织,协同作战不仅体现传统经典的特性,还要展现信息共享下的网络协同效应。评价问题是军事组织最为棘手的难题,通常建立指标体系的评价方法是一个不能还原系统的方法,使用受到一定的限制。信息时代军事组织构成了作战网络,网络的适应性、鲁棒性、网络连接度、网络协作网络本身的效应等问题对作战效果都有影响。

对于这些问题的深入思考,将在以下的章节中给出。

参 考 文 献

[1] 卜先锦,沙基昌.系统突变理论的战场描述终态条件及模型[J].火力与指挥控制,2005,(5):5-8.

[2] 胡晓峰,等.战争复杂系统建模与仿真[M].北京:国防大学出版社.2005.

[3] 卜先锦,战希臣,刘晓春.两种群决策模式对决策效果的影响[J],海军航空工程学院学报,2008,(6):681-685.

[4] 卜先锦,董文洪,等.指控网络协同效能描述方法[A]//沙基昌.一体化联合作战与军事运筹研究[C].长沙:国防科技大学出版社,2005,(11):222-227.

[5] Cai Huaiping, Bu Xianjin, et al. An Improved Algorithm of the Optimization Control Problem of Loss Systems[A]//2006 IEEE International Conference on Service Operations and Logistics, and Informatics[C],2006(5):839-844.

[6] Jose Fortuny-amat, Bruce McCarl. A Representation and Economic Interpretation of a Two-level Programming Problem [J]. Journal of Operational Research Society, 1981, (9):783-792.

[7] Boettcher K L, Levis A H, Modeling the Interacting Decisionmaker with Bounded Rationality[J]. IEEE Trans. On Systems, Man, and Cybernetics SMC-12, 1982,(6):334-344.

第3章 协同结构分析

在网络条件下的军事组织协同中,组织内的作战单元或网络节点分布在一定的时间和空间里,其结构将决定其协同模式和决策方式,因而影响其作战效果。本章从协同结构出发,研究作战单元的组成结构和划分,分析其结构对协同效果的影响。

在多个作战单元组成的作战组织中,当作战单元的数量很多时,作战组织便成为作战网络组织,其许多特性表现为网络特性,这时网络中的作战单元也称为"决策节点"。协同是军事指挥员依据一定的指挥结构,在特定的环境下,动态适时地调整作战系统中作战单元资源的过程。协同的好坏是与协同过程及协同质量分不开的。一般来说,作战组织决策节点的协作结构设置须遵循一定的作战规则。不同的结构设置将对协同效果产生影响,有的影响甚至是致命的。此外,信息在军事组织中的流动与通信密切关联。在通信落后的情况下,由于结构设置是以火力的最佳配置为准则的,使得指挥员更加注重作战组织结构和队形。甲午黄海大海战中,中国海军在黄海游弋,试图寻找战机,歼灭日海军舰队,以报丰岛海战之仇。但是北洋舰队在对日方的舰队部署的估计错误,导致过早改变编队的队形,影响了火力的有效发挥,其教训惨痛。

3.1 协同结构分类

对于完成具体作战任务来说,作战组织的决策由一分层的多个决策节点完成,其协同具有群决策的特点。由于协同作战的各武器平台分散在一定的时间和空间内,且平台上决策节点具有一定层次,作战中体现的是联合效果。因而,作战组织的协同又不同于群决策。目前,根据完成任务情况和约束条件,可将协同结构大体分为3类。

3.1.1 基于复杂系统的协同结构

协同组织结构,要追溯到复杂系统的结构[1-2]。从系统的层次性来看,一般系统均由不同的子系统构成,子系统基本结构有递阶和交叉两种方式,递阶结构是指子系统之间存在上下层次关系,交叉结构是子系统处于同一层次上,是一种平行式的结构。通常,根据子系统不同组合,可分为递阶、交叉、交叉递阶、递阶交叉4种结构。如果将复杂系统的结构映射到具体的协同组织中,则子系统节点就作为组织中的一个决策节点。这时,军事组织的协同结构也相应分为4种,如图3-1所示。

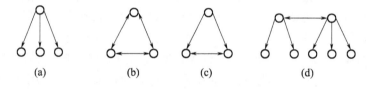

图3-1 复杂决策系统结构示意图
(a)递阶结构;(b)交叉结构;(c)交叉递阶结构;(d)递阶交叉结构。

(1)递阶结构:各子单元之间处于不同的层次,其决策分主次和先后。

(2)交叉结构:各子单元之间处于同一层次上,其决策不分主次和先后。

(3)交叉递阶结构:下层为交叉结构,而下层交叉结构和上层节点又构成递阶结构。

(4)递阶交叉结构:下层为递阶结构,而与上层节点又构成交叉结构。

协同组织的结构及特点如表3-1所列。

表 3-1　协同组织的结构及特点

结构名称	特　点	应用场合
递阶结构	各子单元之间处于不同的层次,其决策分主次和先后	集中指挥
交叉结构	各子单元之间处于同一层次上,其决策不分主次和先后	分散指挥
交叉递阶结构	下层为交叉结构,而下层的交叉结构和上层节点又构成递阶结构	分布式指挥
递阶交叉结构	下层为递阶结构,而与上层节点又构成交叉结构	分布式指挥

在军事组织的协同结构中,就单个的交叉系统结构来说,它是一个无中心的结构,作战单元彼此平行,其协同目标为一般的群决策,在通信落后情况下很难达成。而"交叉递阶结构"既具有交叉系统结构,又有层次,因而是协同研究的主流结构。对于 4 种系统的结构来说,由于军事组织作战单元协同在不同层次上进行,必须有统一的指挥。

这里主要研究基于信息流处理的分布式协同结构,它是一种交叉递阶结构,图 3-2 所示为两层结构情况的简易图示。其中决策节点 2、3 为平行节点,共同构成了交叉的下层结构,决策节点 1 为上层结构,并且和决策节点 2、3 构成交叉递阶结构。这种结构中,决策节点 1 为最终决策节点。

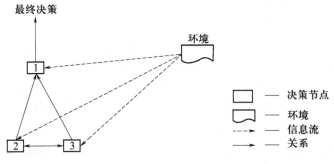

图 3-2　基于信息流的决策节点分布图

3.1.2 基于战术协同指挥的结构

任何控制系统都包含信息系统,控制的过程是信息获取、传递、变换、处理、利用的过程。因此,作战组织的信息结构是否拥有足够的信息通道是作战组织工作的前提条件。如果满足相应的信息结构条件,则称控制系统的信息结构是能通的。目前战术协同指挥结构主要有 3 种,如图 3-3 所示。

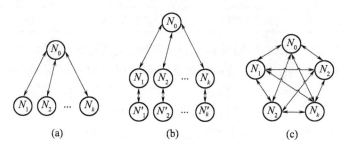

图 3-3　不同战术协同指挥结构示意图
(a) 集中协同结构;(b) 递阶协同结构;(c) 网络协同结构。

3.1.3 基于信息流的协同结构

在完成一个军事任务中,从信息流看,指挥组织往往包含多个指挥决策节点,其中有一个主决策节点,下属若干作战子节点。由于生存性以及其他因素的影响,各作战节点的分布在广阔的地域上,且指挥员各行其责,相互协调,最后由上级统一决策。

从信息流动看,作战组织结构通常分为集中式、分散式和分布式 3 种。集中式和分散式指挥结构是相对立的。一般来说,集中式指挥结构,各作战单元指挥员集中在一起,例如单个舰船作战容易协同,资源利用上相对有效,其缺点是容易受损,生存性低,经不起敌方的致命打击,同时,大量的信息集中处理也必然要带来延时。相反,分散式结构,指挥机构的生存性强,延时时间短,其不足是由于作战单元独立,资源有效利用较差。例如海军舰艇编队的舰船对来袭的空中两目标进行拦截,决策时对某一目标分配多个武器,而对另一目标没有分配武器等。分布式指挥结构是介于集中式和分散式两者之间的一种结构,它既是分散式指挥,各作战指挥员各行其责,又是集中式指挥,指挥员相互协同和合作,这种模式是适应现代战争的主流指挥模式。令人遗憾的是这种指挥结构分析相对困难。随着信息技术和网络技术的发展,数据链技术能够将来自作战单元传感器的分散信息进行融合,生成态势图,实现武器资源分配与共享。但是,如何根据分散而可能是动态的信息结构做出决策,进而进行作战规划,目前为止,仍然是军事指挥决策的难题,也是协同的难题。

1. 集中式结构

该结构是当作战单元中传感器检测和跟踪目标时,把所有的传感器信息集中处理,如图 3-4 所示为某平台的两个传感器对空中目标的检测判明情况。其中 $H=H_1$ 和 $H=H_0$ 分别表示目标或者威胁的存在"有"或"无",这里假定有两个传感器获取数据,则信息流数据为 x_1,x_2。

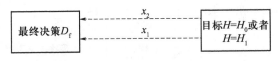

图 3-4 作战组织的集中式结构示意图

2. 分散式结构

该结构是指不同的指挥员处理不同的信息,最后根据统一的损失函数做出判决,如图 3-5 所示。其中 $H=H_1$ 和 $H=H_0$ 分别

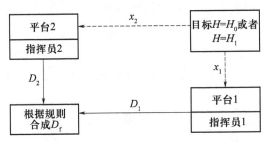

图 3-5 作战组织的分散式结构示意图

表示目标或者威胁的存在"有"或"无",这里假定有两个传感器获取数据,则信息流数据为的 x_1,x_2,D_1,D_2 分别表示指挥员 1 和指挥员 2 的决策。集中式和分散式假设检验的处理办法可通过经典的统计理论加以分析。

3. 分布式结构

分布式组织结构是指分散式结构中决策单元之间有一定联系并有层次之分的结构。图 3-6 所示为简单的水面舰艇编队的分布式结构,雷达传感器主要安装在舰船作战平台上。假设来袭目标为反舰导弹,问题是编队如何对目标进行判明,其中 $H=H_1$ 和 $H=H_0$ 分别表示目标或者威胁的存在"有"或"无",假定有两个传感器获取数据,则信息流数据为 x_1,x_2,D_1,D_2 分别表示指挥员 1 和指挥员 2 的决策。

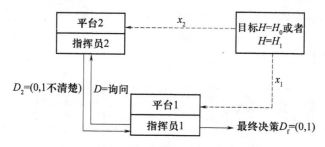

图 3-6 作战组织的分布式结构示意图

在实际作战中,由于舰艇编队是一个作战组织系统,不仅平台间有通信,而且指挥员之间也存在一定的依赖关系和层次关系,从作战的整体上说,各平台之间强调的是协同。所以,这种组织决策是一种介于集中式和分散式之间的决策结构。

3.2 协同结构优化模型

3.2.1 两层作战单元规划模型

由于军事组织的决策结构涉及一些具有平行对等功能和一定

层次结构的子系统,各子系统的决策行为相互影响和关联,共同决定最终决策。尤其是随着组织结构扁平化的广泛采用,且两层结构是研究多层结构的基础,所以,通常情况下,在分析"交叉递阶结构"时,大多采用两层结构。假设上层决策节点及其下层决策节点均有自己的决策变量和目标函数,上层决策者可以通过其决策对下层决策者施加影响,而下层决策者则有充分权限决定如何对其各自目标进行决策,这些决策又将对其上层和其他下层决策者产生影响。这样,整个系统协同是一个非线性优化的问题。目前对于利用多层规划的方法研究军事系统的决策,主要集中在系统目标函数多峰值的非线性算法研究上。遗传算法和动态规划具有在约束条件内全局搜索的能力,因而可以解决上述问题。遗憾的是,由于军事组织的决策变量大多为离散的,因此,构建两层规划的连续模型相当困难。

3.2.1.1　一般双层规划模型

两层规划问题又称为双层规划问题。其解决问题依赖于双层规划模型。双层规划模型在军事组织中的应用主要表现在整体组织目标一致的基础上,不同结构层决策的最优问题。双层规划问题包含一个上层问题和一个下层问题,且均有自己的约束条件和目标函数,上层的约束条件和目标函数不仅依赖于上层的决策变量,而且还依赖于下层问题的最优解,同时,下层问题的最优解则受上层决策变量的影响。军事组织交叉递阶结构决策过程如图3-7所示。

假设军事组织中,协同的上层为 x,下层为 y,则可建立如下双层规划(Bi-level Programming,BP)模型

$$\begin{cases} \max_{x,y} F(x,y) \\ \text{s.t.} \begin{cases} G(x,y) \leq 0 (y \text{是对每个} x \text{取值,下层规划的最优解}) \\ \max_{x,y} f(x,y) \\ \text{s.t. } g(x,y) \leq 0 \end{cases} \end{cases}$$

(3-1)

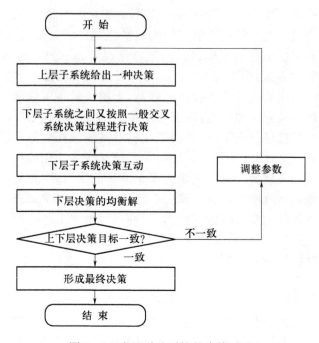

图 3-7 交叉递阶系统的决策过程

其中：$x \in R^{n_1}$ 和 $y \in R^{n_2}$ 分别为上层决策变量和下层决策变量；$F: R^{n_1+n_2} \to R^1$ 和 $f: R^{n_1+n_2} \to R^1$ 分别为上下层的目标函数，$G: R^{n_1+n_2} \to R^{m_1}$ 和 $g: R^{n_1+n_2} \to R^{m_2}$ 分别为上下层的约束域，即在军事行动中制定的一系列规则。

如果对于 x 和 y_i，他们分别是上层决策者和第 i 个下属的决策向量。这里 $x \in R^{n_1}$ 和 $y = \{y_1, y_2, \cdots, y_i, \cdots, y_m\} \in R^{n_2}$ 分别是上层决策和下层决策单元的向量。

定义 3.1 如果 $\Omega(x, y) = \{(x, y) \mid G(x) \leq 0, g(x, y) \leq 0\}$ 为约束空间，则对每一个 x，下层的可行集为

$$\Omega(x) = \{y_i \mid g_i(x, y_i) \leq 0\} \quad (3-2)$$

其最优解为

$$Y(x) = \{y_i \mid y_i \in \max\{f(x, y_i) : y_i \in \Omega(x)\}\} \quad (3-3)$$

对每一个 x 和 $y_i \in Y(x)$，其下层的最优解为
$$v(x) = f(x, y_i) \qquad (3-4)$$
鉴于以上分析和定义，对于双层规划，其整体合理反应集合为
$$IR = \{(x, y_i) \mid (x, y_i) \in \Omega, y_i \in Y(x)\} \qquad (3-5)$$
集合中 (x, y_i) 为双层规划的整体合理反应解。

3.2.1.2 双层规划两种类型

上述模型都是以军事组织下层作战单元规划的最优解作为反应信息，并反馈到上层作战单元中。值得注意的是，对于同一个上层作战单元决策，下层子作战单元规划的最优解不唯一。理由是当下层子作战单元规划有多个最优解时，在同一决策规则下，上层的目标值也可能不同，使得上层子系统无法选择，从而也无法定义其最优解。

为了避免这一问题，这里采用 T. Tanio 和 T. Ogawa 等人提出的方法，即以双层规划为对象，将下层作战单元规划的最优值反馈到上层作战单元规划中，这种规划称为"值型"双层规划。相应地，把以下层作战单元规划的最优解作为反应信息的双层规划称为"解型"双层规划。

对于"值型"双层递阶系统规划，假定其下层有 m 个子单元，记 $M = \{1, 2, \cdots, m\}$，其决策变量分别为 $y = (y_1, y_2, \cdots, y_m)$，$y_m \in R^{n_m}$，$m \in M$，上层子系统的决策变量为 $x \in R^{n_0}$，记 $n = \sum_{i=1}^{m} n_i$，如果上层子单元的约束条件为 $G(x) \leq 0$，则对任意的 $m \in M$，下层第 m 子系统的目标是使得 $f_m(x, y_m)$ 达到最大，其约束为 $g_m(x, y_m) \leq 0$。

对任意 $m \in M$，设 $z_i(x)$ 是下层 m 子作战单元规划在参数为 x 时的最优值，其中 $z(x) = \{z_1(x), z_2(x), \cdots, z_m(x)\}$，上层的目标是使函数 $F(x) + k^T z(x)$ 达到最大，则"值型"双层规划的模型为

$$\begin{cases} \max\ F(x) + k^T z(x) \\ \text{s.t.} \begin{cases} G(x) \leq 0 \\ z(x) = \{z_1(x), z_2(x), \cdots, z_m(x)\} \\ z_m(x) = \max f_m(x, y_m) \\ \text{s.t.}\ g_i(x, y_m) \leq 0 (m \in H) \end{cases} \end{cases} \quad (3-6)$$

式中：$F:R^{n_0} \to R^1, G:R^{n_0} \to R^{m_0}, f_m:R^{n_m+n_0} \to R^1, g_m:R^{n_m+n_0} \to R^{m_m}, m \in M$。

由于下层作战单元规划的最优值是唯一的，所以，上层子规划也是唯一的，这样便降低了问题的复杂性。实际上，对于递阶系统的优化问题，人们在20世纪70年代就建立了双层（多层）规划模型，研究了其最优性条件并提出了许多有效的算法，读者可以参看参考文献[3]。以上讨论了基于双层规划的一般模型。对于下层的决策节点，其构成复合的交叉结构，所以与递阶结构的双层规划模型类似，也可以在交叉结构建立规划模型。

3.2.1.3 双层规划模型分析

对于图3-2所示的典型军事组织结构，可用双层规划模型对其协同行为进行刻画。这种组织结构目的是通过不同层次决策节点的协同，保证整体决策的最优，即总目标的最大化$\max_{x,y} F(x,y)$。从模型本身看，上下层的关联很强，上下层问题均有自己的约束条件和目标函数，上层的约束条件和目标函数不仅依赖于上层的决策变量，而且还依赖于下层问题的最优解，而下层问题的最优解则受上层决策变量的影响。从约束条件和目标函数看，两层规划问题的变量均为连续函数，且约束函数也可能是非线性的。尽管可以用遗传法和动态规划算法来解决全局搜索最优解的问题，但是具体的适应度函数和变异因子的设定有一定困难。而实际军事组织协同作战中，不同层次作战单元的约束条件和目标函数是离散的，并且约束条件是一系列协同机制和规则，很难描述为连续函数，所以，用两层规模型求解军事组织的协同问题要根据具体问题而定。

3.2.2 信息结构与协同策略

3.2.2.1 决策环境不确定分析

对于不同层次的组织结构协同结果,可以将所有层次作战单元协同损失最小作为整个评判组织的标准,这就是 Bayes 假设检验模型与方法。描述组织协同结构的过程是一个不断寻求 Bayes 损失最小的过程,Bayes 假设检验模型的本质是考虑了先验信息,该信息来自组织中决策节点的传感器和不确定的战场环境。这里将研究战场环境不确定情况下信息结构对协同策略的影响,即建立协同策略模型。

定义 3.2 设随机变量的矢量为 $\boldsymbol{\theta} = [\theta_1, \theta_2, \cdots, \theta_m]$,其分布函数为 $P(\theta)$,随机变量反映了战场环境问题的不确定性,这种不确定性可能是探测器测量噪声、随机扰动、不确定的初始条件等,称 $\boldsymbol{\theta}$ 为战场环境的"自然状态"。

定义 3.3 对于一组观测值 $\boldsymbol{x} = [x_1, x_2, \cdots, x_n]$,它是 $\boldsymbol{\theta}$ 的函数,可以表示为

$$x_i = \eta_i(\theta_1, \theta_2, \cdots, \theta_m) \quad (i = 1, 2, \cdots, n) \quad (3-7)$$

式中 $i = 1, 2, \cdots, n$ 为组织中参加协同的指挥员标号。设 x_i 是第 i 个决策者有效观察信息量,集合 $\{\eta_i | i = 1, 2, \cdots, n\}$ 称为决策问题的信息结构。

定义 3.4 对于一组决策变量 $\boldsymbol{D} = [D_1, D_2, \cdots, D_n](i = 1, 2, \cdots, n)$ D_i 为指挥员 i 的决策,它为标量。假设指挥员 i 做出决策 D_i 是基于自己的观察值 x_i。且变量 θ, x, D 均在适当的空间 Θ, X, S 内取值,$\theta \in \Theta, x \in X, D \in S$,$\Theta X$ 为样本空间,S 为决策空间策略集。

定义 3.5 如果第 i 个指挥员的策略(包括决策规则)是一个映射规则 $\gamma_i : X_i \to S_i$,它是在一定战场环境下采取的行动,则可表示为

$$D_i = \gamma_i(x_i) \quad (3-8)$$

式中,$\forall i, \gamma_i$ 将从映射的规则集 Γ_i 中选择。

定义 3.6 记指挥员决策行为的损失函数为 $L(\boldsymbol{D},\boldsymbol{\theta})$，如果协同好坏用协同损失来描述，则该损失可用映射 $\Theta \times S \to R$ 来表示，即 $L(\boldsymbol{D},\boldsymbol{\theta}) = L(D_1,D_2,\cdots,D_n;\theta_1,\theta_2,\cdots,\theta_m)$，或者 $L(\boldsymbol{\gamma},\boldsymbol{\theta}) = L(\gamma_1(x_1),\gamma_2(x_2),\cdots,\gamma_n(x_n);\theta_1,\theta_2,\cdots,\theta_m)$。

3.2.2.2 组织协同决策的一般模型

对于给定的策略集，由于损失函数 L 是随机变量 θ 的函数，所以，L 对于分布函数 $P(\theta)$ 的期望值来说是完备的。这样，组织协同问题可以描述为

$$\begin{cases} \min\limits_{\gamma \in \Gamma} J(\boldsymbol{\gamma}) = \min E_\theta[L(\boldsymbol{D},\boldsymbol{\theta})] = \min E_\theta[L(\boldsymbol{D}=\boldsymbol{\gamma}(\eta(\boldsymbol{\theta})),\boldsymbol{\theta})] \\ \text{s. t. } \gamma_i \in \Gamma_i, \forall i \end{cases}$$

(3-9)

式中：$J(\boldsymbol{\gamma})$ 为性能指标函数；E_θ 为随机变量的期望值；其他变量意义同上。

现研究第 i 个指挥员决策问题。令式(3-9)为协同问题的策略形式，它是函数 J 相对于参数的最优化问题。即便函数多重微分存在，仍然面临在多重独立变量 $\boldsymbol{\theta}$ 上变分计算问题。通常，由于对空间 Γ 没有提供其结构，所以，计算量的问题不可避免。

令 $\bar{\gamma}_i$ 为组织中其他协同指挥员所有策略，且为已知，假设所有指挥员都能够相互通信，则指挥员 i 面临问题的求解为

$$\min_{\gamma_i \in \Gamma_i} J(\gamma_i,\bar{\gamma}_i) = \min_{\gamma_i \in \Gamma_i} E_\theta[L(\boldsymbol{D}=\boldsymbol{\gamma}(\eta(\boldsymbol{\theta})),\bar{\gamma}_i,\boldsymbol{\theta})]$$

(3-10)

由于 η_i 是固定的，x_i 为随机变量，这里可用 $E_{x_i}, E_{\theta/x_i}$ 分别替代 $E_\theta, E_{\theta/x_i}$，表示在 x_i 条件下的期望值。由于 $D_i = \gamma_i(x_i)$，x_i 是 D_i 的函数，所以对于求取 D_i 和求取 x_i 是一样的，于是有

$$\min_{\gamma_i \in \Gamma_i} J(\gamma_i,\bar{\gamma}_i) = \min_{\gamma_i \in \Gamma_i} E_{x_i} E_{\theta/x_i}[L(\gamma_i,\bar{\gamma}_i,\boldsymbol{\theta})] = E_{x_i} \min_{D_i \in S_i} E_{\theta/x_i}[L(D_i,\bar{\gamma}_i,\boldsymbol{\theta})]$$

(3-11)

式(3-11)的扩展式为

$$\min_{D_i \in S_i} E_{\theta/x_i}[L(D_i, \bar{\gamma}_i, \boldsymbol{\theta})] = \min_{D_i \in S_i} J_i(D_i, \bar{\gamma}_i, \boldsymbol{\theta}), \forall i$$

(3-12)

式(3-12)对于每一个 x_i 和 $\bar{\gamma}_i$, 均有一个参数最优化的问题，这里将每个参数进行优化的问题称为"逐个最优"方法(One-By-One Optimality, OBOO)。

3.2.2.3 OBOO 方法实现步骤

"逐个最优"方法首先给定决策规则集，然后根据式(3-12)目标函数对每个决策人员 i 求解 γ_i^*, 设定误差 ε 值，如果所求的解满足要求，则通过比较选择最优策略，否则重新计算。OBOO 方法的步骤如图3-8所示。

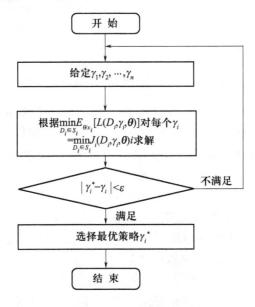

图3-8 逐个最佳算法步骤

上述给出的是信息结构一定条件下的组织协同中指挥员的协同策略，协同策略优化模型主要解决两个问题，即什么是最佳策略

及信息结构 η 的设计。实际上,信息结构设计包含了第一个问题,它的解有助于搞清楚决策有效协同机制的组成形式[4]。

3.3 协同结构与簇

军事组织网络化,其魅力不仅在于减少其决策节点之间通信延迟,导致信息损失,还在于网络具有整合作战节点,形成一体化作战态势的能力,从而为信息优势转化为决策优势创造条件。美国 Alberts 等人发表了有关信息优势等研究报告多次提出:为达到一体化这个目标,必须创造和利用信息优势,通过网络为中心的信息环境将指挥和控制、武器系统、兵力进行终端到终端的基础整合,从而提高信息感知、信息共享以及协作方面的能力[5]。由于网络组织中的多个决策节点通过协作,最终形成目标一致的行动,从而促使了战场态势的演化。所以这里还要研究军事网络组织中节点的类聚和分割问题。

3.3.1 关键信息元素与概念空间

定义 3.7 在军事网络组织中,协同的最终决策依赖于多种信息因素,其中影响组织决策的主要因素称为关键信息元素。关键信息元素来源于指挥员、各种传感器以及其他情报源。例如,水面舰艇对通气管状态航行的潜艇的军事行动,这时,潜艇位置为关键信息。再如,海上舰船对来袭飞行器的拦截,这时,来袭飞行器的方位、速度、类型等为关键信息元素。

定义 3.8 在网络组织中,将影响决策的关键信息元素构成的空间称为网络组织的决策概念空间。

在网络组织中,如果关键信息元素数量为 n(自然数),$k \in n$,$A = \{a_1, a_2, \cdots, a_k\}$ 是关键信息元素的全体集合。称集合 $A = \{a_1, a_2, \cdots, a_n\}$ 为决策信息元素的全集。

关键信息元素质量的好坏依赖于战场环境的感知反应。决策行为是战场特定环境特定事件的行动。理想情况下,指挥员在战前已经对协同中的决策规则、作战行动过程、通信保障等作战计划有一个完整和详尽的了解。但是由于关键信息因素的情报只有部分是真实的,并且作战行动进程对一些未来事件做出反应也相当有限。所以,指挥员在协同过程中决策时,需要对决策环境进行假设。

对决策环境进行假设与自然决策的"快速计划过程"(Rapid Planning Process,RPP)方法是密切关联的[6]。在 RPP 方法中,Klein 认为指挥员可以通过研究过去作战环境及可能情况的期望值,建立不同情况下的典型环境案例,并将其储存到指控系统的数据库式图像库中。一旦外在环境的态势情形与预先假设(存储)情况相一致,指挥员就能够凭直觉迅速从中挑选出合适模式,从而进行快速决策与行动。如果外在环境情况不清楚,则需要指挥员根据当前的情况评估决策元素,产生一个新的作战行动进程并存储[7-8]。

判断当前态势是否与存储的案例相吻合是一个指挥员协同指挥的主观过程。如果决策要素值产生的作战行动进程满足存储值,则该值为决策的依据。如图 3-9 所示。

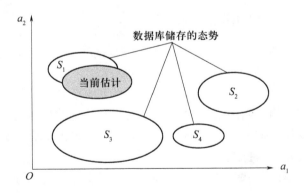

图 3-9 指挥员的概念空间和储存的态势图

在图 3-9 中,该决策概念空间由两个关键信息元素 a_1 和 a_2 组成。图中椭圆表示决策者对每一个存储案例的满意区域。每一个椭圆中心被看作是两个关键信息元素合成的理想值。距理想点的最大边界和最小边界表示从理想点衰减可以接受的范围。阴影椭圆中心表示当前对 a_1 和 a_2 的估计值，箭头表示两元素 a_1 和 a_2 的协方差。

图 3-9 描述了指控系统存储的 4 种环境，每一种都对应可接受的不确定性情形，该不确定性是通过椭圆的大小来描述的。阴影椭圆描述的是对当前关键元素的估计，其不确定性用其大小来估计。在这种情况下，尽管阴影椭圆估计值与 S_1 的情况很接近，但并不是完全在满意区域内，这就说明了外形必须足够的接近才能判断两者相匹配。如果当前估计产生的阴影椭圆和事先存储的 S_1 相一致，那么指挥员可迅速用 S_1 进行决策。在实际运用中，指挥员选择存储的情况很大程度上依赖于决策者的主观过程。

由于战场环境的不确定性，导致网络组织的关键信息元素的随机性，而关键信息元素服从一定的概率分布，人们很容易想到，将决策问题自然地转化为变量的估计问题，即评估指挥决策人员的可用信息及质量。

3.3.2 簇的概念及特点

在军事网络组织协同中，决策节点往往有多个，决策节点的不同组合，可以产生不同的组织结构，这些结构通过对网络知识的作用，影响协同作战效果。所以，对于网络组织节点的不同划分，将形成不同结构。当网络组织中的节点实现信息共享时，这些节点可用簇来加以描述。簇是网络组织中决策节点的集合，簇中的决策节点具有以下特点。

（1）簇内的决策节点信息共享，信息共享是簇形成的必要条件。

（2）决策节点形成簇依赖于节点间的实际存在关系，如上下指挥关系等。

（3）决策节点对于关键信息元素理解一致，关键信息元素不确定程度反映了决策节点对关键信息的认识处理能力。

(4) 簇的大小随时间变化,并且支持分布式决策,其决策过程是动态的。

为了进一步帮助读者理解簇的概念,这里给出一个实例。例如,图3-10描述了某海上编队的结构,编队由驱逐舰和护卫舰组成。决策节点1和2形成了一个簇,决策节点3,4,5构成了另一个簇。这里值得注意的是,决策节点2和决策节点3也可构成簇,但不与其他簇内的其他节点共享信息。

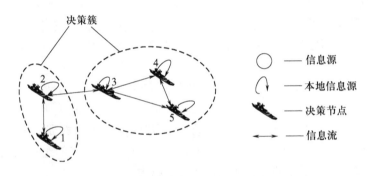

图3-10 指控网络中决策节点簇的划分

在图3-10中,每一个节点包含指挥员和信息源,决策者为指挥员,信息源为指挥员观察、传感器或者其他情报的信息源。决策建立在这些节点可用信息和节点之间关联信息的基础之上,如果节点间强关联,则减少了信息的不确定性,提高了信息质量。簇结构的选择根据作战单元的组成方式决定。

簇是网络的产物。簇与复杂性网络中的"小世界网络"的特性类似。"小世界网络"的最大特点是具有较大的聚类系数和相对小的最短连接长度。聚类系数是指某个节点邻居的邻居仍然是邻居占整个节点连接的比例,所有节点聚类系数的均值就是整个网络的聚类系数。聚类系数用于衡量局部网络连接的好坏。最短连接长度是指网络中任意两个节点最短连接路径的长度,衡量最短连接长度可选择两个随机节点之间连接数的平均值[9]。

3.3.3 簇的分割

3.3.3.1 分割数

对于网络中决策节点的不同组合,可产生不同的组织结构,该结构影响多层规划和基于假设检验协同效果的求解。从根本上说,结构的划分影响了网络知识,从而影响节点的决策质量。

定义3.9 网络组织知识是决策节点的重新组合或者分割簇引起的,将决策节点及信息源根据作战态势和规则进行划分,称为簇的分割。

在图3-10中,有多种可能的分割方式,既可将5个相互独立决策节点和信息源一个个分割构成簇,也可按照作战规则进行其他分割。问题是,怎样分割网络能在可接受的代价内提高知识,同时符合作战规则的需要。实际上,对于 n 个节点构成的组织全连通网络,其节点实现信息共享,分割总数为

$$P_n = S(n,1) + S(n,2) + \cdots + S(n,n) = \sum_{k=1}^{n} S(n,k)$$

(3-13)

式中:$S(n,k)$ 为 Stirling 数,分割中的节点数 $k \geq 1$,且其中不允许有空集。

定义3.10 网络中,n 个不同节点信息共享,如果将所有节点分成 k 个簇,要求无空份,其不同方案数用 $S(n,k)$ 表示,与 Stirling 数相对应,称这种分割为第二类分割。

例如,有4个节点 n_1, n_2, n_3, n_4 构成全连通作战组织网络,如果分成两个簇,簇中不允许没有节点,其不同分法共有7种,如表3-2所列。

表 3-2 4 节点网络分割为两个簇

方案 分割	1	2	3	4	5	6	7
第1个簇	n_1	n_2	n_3	n_4	n_1,n_2	n_1,n_3	n_2,n_3
第2个簇	n_2,n_3,n_4	n_1,n_3,n_4	n_1,n_2,n_4	n_1,n_2,n_3	n_3,n_4	n_2,n_4	n_1,n_4

定理3.1 n 个节点 $n_1, n_2, \cdots, n_n$ 被分割成 k 个簇,且簇中节点非空集,则 $S(n,k)$ 有如下的性质:

(1) $S(n,0) = 0$;(2) $S(n,1) = 1$;(3) $S(n,2) = 2^{n-1} - 1$;(4) $S(n,n-1) = C_n^2$;(5) $S(n,n) = 1$。

定理的证明可参看文献[10]。

定理3.2 n 个节点 $n_1, n_2, \cdots, n_n$ 构成不同簇数 $S(n,k)$ 满足以下递推关系:

$$S(n,k) = S(n-1,k-1) + kS(n-1,k) \quad (n > 1, k \geq 1)$$

(3-14)

证明 设有 n 个节点 $n_1, n_2, \cdots, n_n$,从中取出一个节点 n_1,将 n 个节点分成 k 个不相同的簇且无空簇的方案总共有两类。

(1) n_1 为一个独立的簇,其方案数为 $S(n-1, k-1)$。

(2) n_1 不独立为一个簇,这相当于将剩下的 $n-1$ 节点放到 k 个簇中,簇中不允许无节点,这样共有 $S(n-1,k)$ 种方案,然后将 n_1 放进其中的一个簇中,根据乘法法则,则有 n_1 不独占一簇的方案数为 $kS(n-1,k)$,根据加法法则,有递推式(3-14)。

定理3.2 也可以用数学归纳法证明。定理3.2 在簇分割中获得了很好的运用。例如,有5个节点 n_1, n_2, n_3, n_4, n_5 构成的作战组织网络,分成两个簇,簇中不允许无节点。根据递推式(3-14),不同的分法有 $S(5,2) = S(4,1) + 2S(4,2) = 1 + 2 \times 7 = 15$ 种。

具体的分割方案可以是,先将节点 n_5 取走,余下的4个节点放到2个簇的方案有7种,其结果如表3-3所列。

表 3-3 5 个节点构成簇分割

n_5 不单独在 1 个簇				n_5 单独在 1 个簇	
第 1 个簇	第 2 个簇	第 1 个簇	第 2 个簇	第 1 个簇	第 2 个簇
n_1,n_5	n_2,n_3,n_4	n_1	n_2,n_3,n_4,n_5	n_5	n_1,n_2,n_3,n_4
n_2,n_5	n_1,n_3,n_4	n_2	n_1,n_3,n_4,n_5		
n_3,n_5	n_1,n_2,n_4	n_3	n_1,n_2,n_4,n_5		
n_4,n_5	n_1,n_2,n_3	n_4	n_1,n_2,n_3,n_5		
n_1,n_2,n_5	n_3,n_4	n_1,n_2	n_3,n_4,n_5		
n_1,n_3,n_5	n_2,n_4	n_1,n_3	n_2,n_4,n_5		
n_1,n_4,n_5	n_2,n_3	n_1,n_4	n_2,n_3,n_5		

对于 n 个节点 $n_1,n_2,\cdots,n_n$ 构成的网络,根据簇相同与否和有无空簇,还可以得出下列分割方案数,如表 3-4 所列。

表 3-4 节点与簇的分割方案比较

状态 \ k 个簇	是否有空簇	分割方案数
不相同	有	k^n
不相同	无	$k!S(n,k)$,若不考虑簇的区别时得 $S(n,k)$,然后在 k 个簇中进行排列
相同	有	$\begin{cases}\sum_{k=1}^{k}S(n,k)(n \geq k)\\ \sum_{k=1}^{n}S(n,k)(n \leq k)\end{cases}$
相同	无	$S(n,k)$

利用定理 3.1 和定理 3.2,经过计算,还可以得出表 3-5。根据式(3-13),可以得出分割的总数。例如,$P_3 = \sum_{k=1}^{n} S(3,k) = S(3,1) + S(3,2) + S(3,3) = 1 + 3 + 1 = 5$,即对于 3 个决策节点的网络可以有 5 种的分割方法;$P_4 = 1 + 7 + 6 + 1 = 15$,即对于 4 个决策节点的网络,可以有 15 种分割方法;对于 5 个节点的网络,可以有 52 种分割方法。

表 3-5 n 个节点 k 个簇分割数

k \ n	1	2	3	4	5	6	7	8	9	10	P_n
1	1										1
2	1	1									2
3	1	3	1								5
4	1	7	6	1							15
5	1	15	25	10	1						52
6	1	31	90	65	15	1					209
7	1	63	301	350	140	21	1				884
8	1	127	966	1701	1050	266	28	1			4148
9	1	255	3025	7770	6951	2646	462	36	1		21156
10	1	511	9330	34105	42525	22827	5880	750	45	1	115985

3.3.3.2 簇分割原则

簇是网络的产物。由于簇内节点信息共享,特别是在全连通网络中,节点数量的增加理论上使得簇的分割呈现组合爆炸的趋势,如果从理论上进行分割,则仅具有参考价值。在协同组织网络中,网络中的节点承担一定的任务,节点的决策需要遵循一定的规则。簇的分割需要遵守以下原则。

(1) 作战原则优先。簇的分割必须在作战原则的基础上进行,并且符合协同的有关机制和规则。

(2) 同类优先。性能相同的武器装备或平台便于用数据链进行连接。

(3) 信息共享。在战场环境中,参加协同的武器装备或平台实施信息共享,只有信息共享的节点构成的簇才有可能进行分割。

(4) 便于作战指挥决策。簇的分割要有利于作战指挥,便于快速决策。

由于上述原则具有一定的抽象性,所以,在簇具体的分割中,很难把握。下面介绍常用的两种方法。

3.3.3.3 簇分割方法

1. 关键元素集合法

簇的分割随着网络节点的增多,分割的数量越大,特别是簇的节点数位于网络中节点总数的中间位置时,其组合数最大。簇的分割的复杂性在作战指挥中协同问题不可避免,分割方案越多,协同对象组合的方案也越多,协同也相对困难,这就是协同的副作用。当然,如果决策节点功能相同,则可大大减小簇的分割数。

对于整个网络而言,假定关键信息元素数量有一个最大值 N ($k \in N$),$A = \{a_1, a_2, \cdots, a_N\}$ 是整个网络的关键信息元素的全体集合。集合 $A = \{a_1, a_2, \cdots, a_N\}$ 也称为所有决策信息元素的父集。在簇 i 中,每一个关键信息元素在一定的时刻都有一个值。假设 $N = 4$,则完全信息集合为 $A = \{a_1, a_2, a_3, a_4\}$,对每一个簇而言,其簇的概念空间都可以由 A 的子集构成。例如,簇由 $A_1 = \{a_1, a_2\}$ 构成,也可由集合 $A_2 = \{a_2, a_3, a_4\}$ 构成。这样,假设考虑到两个簇的协作,则局部协作结果为

$$A_1 \cup A_2 = \{a_1, a_2\} \cup \{a_2, a_3, a_4\} = \\ \{a_1, a_2, a_3, a_4\} = A_{1,2} \quad (3-15)$$

这里是一个简单的情况,$A = A_{12}$。如果 $A_1^* = \{a_1, a_2\}$,$A_2^* = \{a_2, a_3\}$,则 $A_{12}^* = \{a_1, a_2, a_3\}$,衡量 A_{12} 包含的关键信息元素比 A_{12}^* 要多,即簇包含的决策信息多。考虑簇的协同,则按照有利于作战指挥的原则划分,则第一种的分割方法好。

2. 知识熵法

对于分割成具有一定功能的簇,有很多种方法可以评价其好坏,例如可采用 Petri 网、Bayes 网或者是神经网络方法等,具体采用的方法取决于簇的任务及是否有利于协同。由于关键信息元素的获取存在一定的不确定性,且这种不确定性直接影响簇指挥员的决策,所以,用簇决策的信息熵方法来评价簇的水平是一种较好的方法。

考虑簇 i,指挥员在 t 时刻进行决策,则需要更新簇决策所依赖的信息,而信息值是一个随时间不断累积的过程。如果簇 i 中

具有 C 个关键信息元素,则其信息估计值为

$$\hat{X}_i(t) = [\hat{x}_{i,1}(t), \hat{x}_{i,2}(t), \cdots, \hat{x}_{i,C}(t)] \quad (3-16)$$

式中:C 为关键信息元素 $\{a_1, a_2, \cdots, a_C\}$ 的数量;$\hat{X}_i(t)$ 为 t 时刻信息集合。

关键信息元素信息值可以用 $t \times C$ 矩阵表示

$$[\hat{x}_i(1), \hat{x}_i(2), \cdots, \hat{x}_i(t)] = [\hat{x}_{i,k}(j)]_{t \times C} = \begin{bmatrix} \hat{x}_{i,1}(1) & \cdots & \hat{x}_{i,C}(1) \\ \vdots & & \vdots \\ \hat{x}_{i,1}(t) & \cdots & \hat{x}_{i,C}(t) \end{bmatrix} \quad (3-17)$$

矩阵中的元素表示关键信息元素 a_k 在 j 时刻针对簇 i 的一个值,其中 $k \in C, j \in t$。当簇中关键信息经融合形成一定的态势后,指挥员将这一态势和指控系统数据库中储存的态势进行比较,在一定时间内快速做出决策。信息熵法就是根据簇中关键信息元素值的分布,根据熵的定义,求取簇的熵,并将此作为簇的知识,最后根据知识大小来确定分割的好坏。

簇的分割方法依赖于军事作战的原则机制和决策节点的知识熵,理论上,还要在对决策节点的知识熵进行计算,然后根据其值的大小进行类聚,同时要考虑决策规则和机制。因此,簇的分割方法是军事作战的原则、机制和决策节点的知识熵的加权值,作战原则、机制与决策节点的知识熵的权系数依赖军事组织遂行的具体任务而定。

3.3.4 簇分割运用

舰艇编队最大的威胁为来自空中飞行器,合理组织编队火力资源配置是编队防空作战的难题之一。这里仅研究簇的构成解决一个简单的决策问题:编队指挥舰(驱逐舰)指挥员给两艘具有先后需求的护卫舰分配火力资源。该问题是战前决策支持计划的一部分,这里研究的是不同指挥员在组织网络中对决策支持的贡献。图 3-11 所示为编队进行资源配置时的两种协同结构,其目的是从驱逐舰向两艘护卫舰节点 1,2 支援火力,火力支援装备为舰空

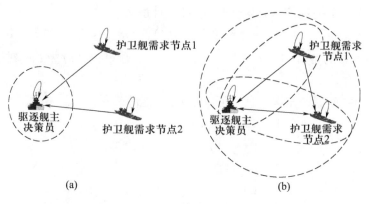

图 3-11 网络支持的簇协同结构图

导弹。该分配决策由驱逐舰指挥员做出的。

在图 3-11(a)中,驱逐舰作为指挥舰,其指挥员为主决策员,自身可构成一个簇,它具有决定护卫舰需求的优先权。设两护卫舰节点的舰空导弹库存情况为信息源,驱逐舰指挥员决策要根据护卫舰当前的舰空导弹数确定其所需资源的支援量。所以,对于驱逐舰而言,其决策所需关键信息元素为需求量 $Q=\{q_1,q_2\}$,这里的下标表示两护卫舰节点的需求量。决策节点簇及两个护卫舰需求节点就构成了作战组织网络,对于所有网络中舰空导弹库存信息,驱逐舰主决策节点可进行适时查询和处理。

在图 3-11(b)中,驱逐舰节点必须对护卫舰节点的需求做出反应,所有 3 个节点都是决策节点,且它们需要相同的信息来制定决策——$Q=\{q_1,q_2\}$。护卫舰指挥员将其期望需求发送给驱逐舰节点,同时,驱逐舰节点根据所有舰空导弹信息和需求节点未来需求信息来分配库存。所有舰空导弹库存信息是来自需求节点和主决策节点,且节点信息共享。在这种情况下,可认为护卫舰节点的协作收益是根据编队舰空导弹库存信息得出的。这样,网络就由一个簇构成,该簇包含了 3 个决策节点。该簇中 $Q_1=\{q_1,q_2\}$,簇关键信息元素为 $Q_2=\{q_1,q_2,q_3\}$,q_3 为驱逐舰节点舰空导弹库存信息,所以 $Q_1\cup Q_2=\{q_1,q_2\}\cup\{q_1,q_2,q_3\}=\{q_1,q_2,q_3\}$ 构成簇最终决策的关键信息。

在 3-11(a)中,由于只有一个决策节点,只能形成一个簇,不存在其他分割方法。而在图 3-11(b)中,理论上 3 个节点的分割簇的方法有 5 种。考虑驱逐舰和任意一个护卫舰节点构成簇的分割方法是可能的,因为随着剩余舰空导弹信息流向每个节点簇,主决策节点可以给护卫舰节点指挥员一定的优先权。如果驱逐舰作为一个单独的决策节点簇,将两个护卫舰需求节点分割成一个的簇,则是不可能的,因为这种分割方法虽然在理论上是合理的,而实践上这样做违反了编队作战协同的规则和假定的条件。通常在海军编队中驱逐舰与护卫舰构成一定的层次关系。从关键信息元素情况看,将三者放在一起构成簇较好,这样既符合编队作战防空原则,又体现关键信息元素分割方法。

参 考 文 献

[1] Luis N Vicente. Bi-level and Multilevel Programming: a Bibliography Review[N]. Journal of Global Optimization, 1994(5):291-306.

[2] 刘德铭,黄振高. 对策论及其应用[M]. 长沙:国防科技大学出版社,1995.

[3] 刘家壮,李容生. 孟志青. 交叉数学规划问题[J]. 经济数学,1998,(5):11-16.

[4] Ho Yuchi. Team Decision Theory and Information Structure [J]. Proceedings of the IEEE,1980,68:644-654.

[5] Alberts D S, et al. Network Centric Warfare, 2nd edition[R]. US Department of Defense, Command and Control Research Program, 2002.

[6] Klein G. Recognition Primed Decisions in W. B. Rouse[J]. Advances in Man-Machine Systems Research, 1989,(5):47-92.

[7] Feltham S, Sheppard C, Chapman C Cooper. The Effect of Picture Quality on Individual Situational Awareness and Mission Effectiveness [J]. International Symposium on Military Operational Research, United Kingdom, Aug., 2003.

[8] Endsley, Toward M R. A Theory of Situational Awareness in Dynamic Systems [J]. Human Factors, 1995,37:32-64.

[9] Cohand. All the World's a Net [J]. New Scientist, 2002,13:24-29.

[10] 沙基昌,沙基清. 组合数学[M]. 长沙:湖南教育出版社,1993.

第4章 基于 Bayes 假设检验的协同模型分析

本章将以作战组织对目标的环境情况判明为背景,用 Bayes 假设检验方法和二分群决策原理,研究协同机制与规则、通信手段以及指挥认知水平对协同效果的影响。

在作战组织决策中,目标判断是最为常见的决策问题,该决策依赖于作战单元(平台)的传感器探测目标数据。若传感器探测的数据是来自总体 X_i 大小为 n 的样本,$(x_{i1}, x_{i2}, \cdots, x_{in})$ 为传感器 i 探测值。假设各作战单元的传感器探测目标信息服从高斯分布或者正态分布,传感器的门限值为来自探测数据的均值,如果该值大于门限值,则认为有目标存在,相反,则认为目标不存在。

检验是根据样本观测值对假设做出判断的一种方法,判断的结论认为原假设 H_0 成立,或者认为原假设 H_0 不成立(备选假设 H_1 成立)。原假设 H_0 成立称为接受 H_0,备选假设 H_1 成立,也称为拒绝 H_0。由于样本数据的随机性,在使用假设检验时,做出接受 H_0 或者拒绝 H_0 的判断并非表明 H_0 一定正确或不正确,而是表明检验使用者(指挥员)对假设 H_0 的一种倾向性意见。对于不同的决策人来说,一般认为指挥员对问题的反应是理性的,所以这种倾向性意见应具有合理性。

4.1 Bayes 决策

4.1.1 Bayes 推断

经典的统计推断主要有估计和假设检验两大类。一般情况下,决策人员喜欢用一个非正式的概念化方法做出主观判断,但是当作战单元传感器估计误差太大以至于导致严重后果的时候,人们希望有一个合适的方法进行处理,这就是 Bayes 决策方法。对于分布式作战组织来说,各作战单元传感器发现目标后,经过信息融合,产生先验和后验概率差比,并以此确定决策门限和决策规则,最终从两个或多个决策方案中做出选择,这就是一个假设检验问题。Bayes 假设检验不同于经典的假设检验,因为它考虑了先验分布以及错误决策所承担的损失。这里主要解决先验差比、后验差比的假设检验问题[1]。

为了帮助读者更好地理解分布式作战组织中不同指挥员的协同,这里以海上编队对空防御为例对基于 Bayes 假设检验协同进行分析。假设作战组织指挥员依赖编队中某平台(舰船)上的传感器对来袭目标进行情况判断,确定其存在与不存在的比率。在没有样本数据前,凭借指挥员的经验和观察,认为目标存在的事件 A 概率为 $P(A)=p_0$,不存在的事件 B 概率为 $P(B)=p_1$,其中,$p_0+p_1=1$。

定义 4.1 先验差比。目标存在与不存在的先验差比记为 Ω',即

$$\Omega' = \frac{P'(A)}{P'(B)} = \frac{p_0}{p_1} \qquad (4-1)$$

如果 $\Omega'>1$,则表明事件 A 比事件 B 更"像",反之,如果 $\Omega'<1$,则表明事件 B 比事件 A 更"像"。该定义也适合后验差比的情况。

定义 4.2 后验差比。记后验差比为 Ω'',对于传感器探测数据进行抽样,则

$$\Omega'' = \frac{P(A|x)}{P(B|x)} \qquad (4-2)$$

式中:x 为样本的探测值。

根据式(4-1)和式(4-2)和 Bayes 定理,有

$$\Omega'' = \frac{P(A \mid x)}{P(B \mid x)} = \frac{P(A)P(x \mid A)}{P(B)P(x \mid B)} = \frac{P(A)}{P(B)} \cdot \frac{P(x \mid A)}{P(x \mid B)} = \Omega' \times L_R$$

(4-3)

式中：$L_R = \frac{P(x \mid A)}{P(x \mid B)}$ 为似然比。

如果传感器探测数据信息过程是连续的，则得到一个连续的后验分布。假设传感器探测目标信息的强度为一个已知方差为 σ^2 而未知均值为 u 的正态分布，假设均值为 $u = u_0$，$u = u_1$（当均值为 $u = u_0$ 时为正常值；当 $u = u_1$ 时认为不正常值），其先验分布为 $P(u = u_0) = p_0$，$P(u = u_1) = p_1$，则先验差比为

$$\Omega' = \frac{P(u = u_0)}{P(u = u_1)} = \frac{p_0}{p_1}$$

(4-4)

假设采集的数据来自规模为 n 的样本，样本均值为 $\bar{u}$，则两密度函数的似然差比为

$$L_R = \frac{f(u = \bar{u} \mid u = u_0, \sigma^2/n)}{f(u = \bar{u} \mid u = u_1, \sigma^2/n)}$$

(4-5)

根据标准正态函数的定义，得

$$L_R = \frac{f\left(z = \frac{\bar{u} - u_0}{\sqrt{\sigma^2/n}}\right) / \sqrt{\sigma^2/n}}{f\left(z = \frac{\bar{u} - u_1}{\sqrt{\sigma^2/n}}\right) / \sqrt{\sigma^2/n}} = \exp\left(\frac{(\bar{u} - u_1)^2 - (\bar{u} - u_0)^2}{\sigma^2}\right)$$

(4-6)

由式(4-3)则可求出后验差比 Ω''。若 $\Omega' = \frac{P(u = u_0)}{P(u = u_1)} = \frac{p_0}{p_1} > 1$，$L_R > 1$，则 $\Omega'' > 1$。表明均值为 $u = u_0$，即认为所有探测值是正常的。

4.1.2 假设检验和决策

经典的假设检验利用的仅仅是样本信息，也就是利用似然率。其拒绝域可以表示为 $L_R \leq C$，因为 L_R 越小，表明事件更不"像"

H_0,其中 C 为已知的常数(传感器门限值),则经典假设检验仅仅取决于 $L_R \leq C$。考虑经典假设检验犯第Ⅰ类和第Ⅱ类错误的风险,可以得出经典决策的假设检验表,如表4-1所列。

表4-1 经典决策的假设检验表

决策 \ 状态	H_0 为真	H_1 为真
接受 H_0	无错	第Ⅱ类错误
拒绝 H_0	第Ⅰ类错误	无错

拒绝域取决于两类错误的相对严重性。通常,经典假设检验第Ⅰ类错误比第Ⅱ类错误要严重,因此,在保证第Ⅰ类错误的概率在一定限度以内,研究第Ⅱ类错误的概率。这样,拒绝域描述为这个条件概率不大于某一预先指定的常数 $\alpha(0<\alpha<1)$,即

$$P(\text{第Ⅰ类错误}) = P(\text{拒绝 }H_0 \mid H_0 \text{ 为真}) \leq \alpha \quad (4-7)$$

式中:α 为常数,也称为显著性水平。

由于 $L_R \leq C$,所以,式(4-7)也可表示为

$$P(L_R \leq C \mid H_0 \text{ 为真}) \leq \alpha \quad (4-8)$$

在 $\Omega'' = \Omega' \times L_R$ 中,当 $\Omega' = 1$ 时,$\Omega'' = L_R$,也就是说,基于后验分布的 Bayes 假设检验和基于样本的经典假设检验,在数值上是相等的。从样本输入的角度讲,假设检验问题可以转化为一个决策问题。这里有两个决策:接受 H_0 和接受 H_1,故两类错误的损失可被描述为一个拒绝域,假设有 $H_0: \theta \in A, H_1: \theta \in B, \theta$ 为状态,A 和 B 互斥,且有 $A \cap B = \varnothing, A \cup B = S, S$ 为 θ 所有可能的集合,由 θ 分布可以计算其概率为

$$\begin{cases} P(H_0) = P(\theta \in A) \\ P(H_1) = P(\theta \in B) \end{cases} \quad (4-9)$$

式中:$P(H_0) + P(H_1) = 1$。在假设检验中有两类错误,第Ⅰ类错误是当 H_0 为真却被拒绝,第Ⅱ类错误是 H_0 为假却被接受。这里定义第Ⅰ类错误和第Ⅱ错误带来的决策损失为 $L_{(Ⅰ)}$ 和 $L_{(Ⅱ)}$,计算各决策的期望损失,如表4-2所列。

表 4-2 Bayes 假设检验决策损失表

状态 决策	H_0 是真,$\theta \in A$	H_0 是假,$\theta \in B$
接受 H_0	0	$L_{(\text{II})}$
拒绝 H_0	$L_{(\text{I})}$	0

决策的期望损失为

$$\begin{cases} E_L(\text{接受 } H_0) = 0 \cdot P''(H_0) + L_{(\text{II})} \cdot P''(H_1) = L_{(\text{II})} \cdot P''(H_1) \\ E_L(\text{拒绝 } H_0) = L_{(\text{I})} \cdot P''(H_0) + 0 \cdot P''(H_1) = L_{(\text{I})} \cdot P''(H_0) \end{cases}$$
(4-10)

式中:$P''(\cdot)$ 为后验概率。

当 $E_L(\text{拒绝 } H_0) < E_L(\text{接受 } H_0)$ 时,则拒绝假设 H_0,即

$$\frac{P''(H_0)}{P''(H_1)} < \frac{L_{(\text{II})}}{L_{(\text{I})}} \tag{4-11}$$

如果式(4-11)为等式,则期望损失相等。定义 $L_{(\text{I}/\text{II})} = L_{(\text{I})}/L_{(\text{II})}$,式(4-11)可表示为

$$\Omega'' \times L_{(\text{I}/\text{II})} < 1 \tag{4-12}$$

其中,式(4-12)左边是一个后验差比 Ω'',决策可以表示为

$$\begin{cases} \text{接受 } H_0(\Omega'' > 1) \\ \text{拒绝 } H_0(\Omega'' < 1) \end{cases} \tag{4-13}$$

Bayes 假设检验和经典的假设检验的关系在于经典假设检验仅仅基于似然率 L_R,假如先验差比 $\Omega' = 1$(即按照先验知识,两假设的可能性相等),则

$$\Omega'' = \Omega' \times L_R = L_R \tag{4-14}$$

这时的决策规则

$$\begin{cases} \text{接受 } H_0(L_R \times L_{(\text{I}/\text{II})} > 1) \\ \text{拒绝 } H_0(L_R \times L_{(\text{I}/\text{II})} < 1) \end{cases} \tag{4-15}$$

相应的拒绝域为

$$L_R < \frac{1}{L_{(\text{I}/\text{II})}} = \frac{L_{(\text{II})}}{L_{(\text{I})}} \tag{4-16}$$

而经典的假设检验拒绝域为 $L_R \leq C$，比较可以发现经典的"似然比"检验等值于扩散先验分布条件下的 Bayes 假设检验，不同点在于经典假设检验中没有对 $L_{(Ⅰ)}$ 和 $L_{(Ⅱ)}$ 进行评定计算。在实际运用中，只需要评定它们之间的损失比 $L_{(Ⅰ/Ⅱ)}$。

4.2 三种结构协同分析模型

在协同作战中，对于时敏目标，出现的时间非常有限，及时而准确地得到目标身份等属性是作战组织最基本的要求。情况评估是判断目标重要的身份属性。从技术角度说，情况评估属于现代控制论中的最佳估计理论。例如海军编队要抗击来袭的反舰巡航导弹，编队中的作战节点从不同位置和不同的传感器取得了数据，并进行处理，而每一个传感器的数据包含多个信息，需要估计包含连续信息（如目标的位置）和离散信息（速度）等多个不确定性的状态变量。因此，分析多传感器和多目标处理的作战组织协同是很困难的。具体原因包括以下 4 个方面。

（1）数据问题。即什么样的传感器数据才能够证明来袭目标的存在，这在技术上是一个基于统计的假设检验问题。

（2）传感器关联问题。由于每一个传感器可以探测多个目标，因而传感器的信息是相关的，对同一目标各个传感器可以给出不同的数据。而从众多传感器的相关信息中给出多目标的情况估计，这又是一个大规模的假设检验问题，其算法复杂，求解困难。

（3）通信损失问题。传感器之间的信息传递方式，对作战组织的评估算法有重大影响。集中式决策结构要求各传感器将信息传送到指挥所，通信量大，处理困难，易被干扰，存在"泄密"的危险。分散式决策结构，作战单元的生存性强，延时时间短，但不易制定决策，单元协作困难，资源不能有效利用。分布式结构是介于集中和分散式之间的结构，也是一个较为满意的选择。但复杂的通信损失会给检验和评估带来算法上的困难。

（4）战损问题。在作战中，假设一些传感器可能被对方所摧毁,一旦这种情形发生仍然要求进行情况评估,这就要求解不完全信息的分布式协同结构决策问题。

在无通信损失下,若不考虑指挥员之间的决策而导致的通信损失,则大大简化了决策规则和损失函数的表示。其结果既缩短了协同时间,又有利于指挥员之间的沟通,保证了指挥员达成认知的一致性[2]。

4.2.1 集中式结构协同分析

4.2.1.1 集中式信息结构

集中式决策结构的传感器集中在一个指挥中心,其优点是便于用假设检验理论加以分析,其结构如图4-1所示。这里用单个舰船对来袭反舰巡航导弹的情况判明为例加以说明,对于多元情况可以参照此假设情况。

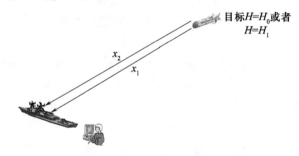

图4-1 集中式单个决策指控系统协同结构

假设目标不存在为$H=H_0$,目标存在为$H=H_1$,先验概率分别为$P(H_0)=H_0$和$P(H_1)=H_1$,则有$P(H_0)+P(H_1)=1$。设平台上两个传感器1和2同时探测目标,探测值$x_1 \in X_1, x_2 \in X_2, X_1, X_2$为有限集,探测值的联合条件概率为$P(x_1,x_2|H_i)(i=1,2)$,则指挥员寻求决策规则,最终得出决策为$D_f$,即

$$D_f = \begin{cases} 0 & (H=H_0 \text{为真},目标不存在) \\ 1 & (H=H_1 \text{为真},目标存在) \end{cases} \quad (4-17)$$

为了分析集中式决策的假设检验问题,做如下定义。

定义 4.3 设决策策略集 S_f, $S_f: X_1 \times X_2 \to D_f$, $D_f \in \{0,1\}$, $D_f = S_f(x_1, x_2)$ 称为最终决策。

定义 4.4 若性能指标函数为损失函数 $L(D_f, H)$, 则 $L(D_f, H) = \{0,1\} \times \{H_0 \times H_1\} \to R$ 为判决准则, 其中 R 为实数。

定义 4.5 当目标是否存在的假设为 H 时, 指挥员做出决策 D_f 犯两类判断错误所付出的代价称作为损失函数 $L(D_f, H)$, 指挥员最终决策的准则是选择最佳策略 $D_f = S_f(x_1, x_2)$, 使得协同中平均损失最小, 即 $\min\limits_{\gamma_f} E\{L(D_f, H)\}$。

4.2.1.2 集中式结构协同模型

由于指挥员要对来自两个传感器的数据进行处理, 所以, 该问题为一个二元假设检验问题有时也称二分群决策问题[3]。其最终决策规则为

$$\gamma_f: X_1 \times X_2 \to D_f (D_f \in \{0,1\})$$

根据定义 4.5, 并考虑传感器探测值服从连续正态分布, 则指挥员选择最佳策略为

$$L^*(D_f) = \min_{\gamma_f} E\{L(D_f, H)\} =$$

$$\min_{\gamma_f} \sum_{D_f, H} P(D_f, H) \cdot L(D_f, H) =$$

$$\min_{\gamma_f} \sum_{D_f, H} \int_{x_1, x_2} P(D_f, H, x_1, x_2) L(D_f, H) \mathrm{d}x_1 \mathrm{d}x_2 \quad (4-18)$$

式中: $L^*(D_f)$ 为最小损失函数。

由于 $P(D_f, H, x_1, x_2) = P(H) \cdot P(x_1, x_2 | H) \cdot P(D_f | x_1, x_2, H)$ 且 D_f 只与探测值 x_1, x_2 有关, D_f, H 独立, 则有

$$P(D_f | x_1, x_2, H) = P(D_f | x_1, x_2) \quad (4-19)$$

故

$$E\{L(D_f, H)\} = \sum_{D_f, H} \int_{x_1, x_2} P(H) \cdot P(x_1, x_2 | H) \cdot$$

$$P(D_f | x_1, x_2) L(D_f, H) \mathrm{d}x_1 \mathrm{d}x_2 \quad (4-20)$$

按 $D_f = \{0,1\}$ 展开,有

$$E\{L(D_f,H)\} =$$

$$\sum_H \int_{x_1,x_2} P(H) \cdot P(x_1,x_2 \mid H) \cdot [P(D_f = 0 \mid x_1,x_2)L(0,H) + P(D_f = 1 \mid x_1,x_2)L(1,H)]dx_1 dx_2 \quad (4-21)$$

根据假设条件 $P(D_f = 0|x_1,x_2) = 1 - P(D_f = 1|x_1,x_2) = 1$,于是

$$E\{L(D_f,H)\} =$$

$$\sum_H \int_{x_1,x_2} P(H) \cdot P(x_1,x_2 \mid H) \cdot [P(D_f = 0 \mid x_1,x_2)L(0,H) + (1 - P(D_f = 0 \mid x_1,x_2))L(1,H)]dx_1 dx_2 =$$

$$\sum_H \int_{x_1,x_2} P(H) \cdot P(x_1,x_2 \mid H) \cdot [P(D_f = 0 \mid x_1,x_2)L(0,H) + L(1,H) - P(D_f = 0 \mid x_1,x_2))L(1,H)]dx_1 dx_2 \quad (4-22)$$

由于 $L(1,H)$ 为常数,且是求式(4-22)的极小值,所以,可省略 $L(1,H)$ 项,经化简,得

$$L^*(D_f) = \min_{\gamma_f} E\{L(D_f,H)\} =$$

$$\min_{\gamma_f} \sum_H \int_{x_1,x_2} P(H) \cdot P(x_1,x_2 \mid H) \cdot P(D_f = 0 \mid x_1,x_2)[L(0,H) - L(1,H)]dx_1 dx_2 =$$

$$\min_{\gamma_f} \int_{x_1,x_2} P(D_f = 0 \mid x_1,x_2) \sum_H P(H) \cdot P(x_1,x_2 \mid H) \cdot [L(0,H) - L(1,H)]dx_1 dx_2 \quad (4-23)$$

由于式(4-23)中,$P(D_f = 0|x_1,x_2) \in \{0,1\}$,所以,其取值要么为1要么为0,下面分3种情况讨论。

(1) 当 $\sum_H P(H) \cdot P(x_1,x_2 \mid H) \cdot [L(0,H) - L(1,H)] > 0$

时:要使式(4-23)取得最小值,必须使$P(D_f=0|x_1,x_2)=0$,由先验条件,得

$$P(D_f=1 \mid x_1,x_2) + P(D_f=0 \mid x_1,x_2) = 1 \quad (4-24)$$

则当$P(D_f=0|x_1,x_2)=0$时,有$P(D_f=1|x_1,x_2)=1$,表明判定H_1成立。将$\sum_H P(H) \cdot P(x_1,x_2 \mid H) \cdot [L(0,H)-L(1,H)] > 0$中的$H$,按照$H_0$和$H_1$展开,有

$$\sum_H P(H) \cdot P(x_1,x_2 \mid H) \cdot [L(0,H)-L(1,H)] = \\ P(H_0) \cdot P(x_1,x_2 \mid H_0) \cdot \\ [L(0,H_0)-L(1,H_0)] + P(H_1) \cdot \\ P(x_1,x_2 \mid H_1) \cdot [L(0,H_1)-L(1,H_1)]$$
$$(4-25)$$

即

$$\frac{P(H_0) \cdot P(x_1,x_2 \mid H_0)}{P(H_1) \cdot P(x_1,x_2 \mid H_1)} > \frac{L(0,H_1)-L(1,H_1)}{L(1,H_0)-L(0,H_0)}$$
$$(4-26)$$

表明当目标函数L满足式(4-26)条件,则判定H_1成立。

(2) 当$\sum_H P(H) \cdot P(x_1,x_2 \mid H) \cdot [L(0,H)-L(1,H)] < 0$时:要使式(4-23)取得最小值,必须使$P(D_f=0|x_1,x_2)=1$,根据式(4-24),当$P(D_f=0|x_1,x_2)=1$时,必有$P(D_f=1|x_1,x_2)=0$,表明判定$H_0$成立。

将$\sum_H P(H) \cdot P(x_1,x_2 \mid H) \cdot [L(0,H)-L(1,H)] < 0$中的$H$,按照$H_0$和$H_1$展开并化简整理,得

$$\frac{P(H_0) \cdot P(x_1,x_2 \mid H_0)}{P(H_1) \cdot P(x_1,x_2 \mid H_1)} < \frac{L(0,H_1)-L(1,H_1)}{L(1,H_0)-L(0,H_0)}$$
$$(4-27)$$

表明当目标函数满足式(4-27)条件时,判定H_0成立。

(3) 当$\sum_H P(H) \cdot P(x_1,x_2 \mid H) \cdot [L(0,H)-L(1,H)] = 0$

时:则 $L^*(D_f) = \min_{\gamma_f} E\{L(D_f,H)\} = 0$,表明判定 H_0 或 H_1 成立均可以,表明两种决策的期望损失相等。一般情况下,根据传感器本身特性,通常采用降低门限值的办法,保证系统在技术上不漏判。所以,可将式(4-26)改写为

$$\frac{P(H_0) \cdot P(x_1,x_2 \mid H_0)}{P(H_1) \cdot P(x_1,x_2 \mid H_1)} \geq \frac{L(0,H_1) - L(1,H_1)}{L(1,H_0) - L(0,H_0)}$$

(4-28)

表明当目标函数满足条件式(4-28)时,判定 H_1 成立。根据指标函数 $L^*(D_f)$ 的条件,考虑传感器门限较小时能提高发现概率的特性,可得

$$\begin{cases} H = H_1, \left(\dfrac{P(H_0) \cdot P(x_1,x_2 \mid H_0)}{P(H_1) \cdot P(x_1,x_2 \mid H_1)} \geq \dfrac{L(0,H_1) - L(1,H_1)}{L(1,H_0) - L(0,H_0)} \right) \\ H = H_0, \left(\dfrac{P(H_0) P(x_1,x_2 \mid H_0)}{P(H_1) P(x_1,x_2 \mid H_1)} < \dfrac{L(0,H_1) - L(1,H_1)}{L(1,H_0) - L(0,H_0)} \right) \end{cases}$$

(4-29)

令

$$\Omega'' = \frac{P(H_0) P(x_1,x_2 \mid H_0)}{P(H_1) P(x_1,x_2 \mid H_1)} \quad (4-30)$$

也可表示为 $\Omega'' = \dfrac{P''(H_0)}{P''(H_1)}$,为后验概率。令

$$L_R(x_1,x_2) = \frac{P(x_1,x_2 \mid H_0)}{P(x_1,x_2 \mid H_1)} \quad (4-31)$$

式(4-31)为 4.1 节中的似然比函数,$\Omega' = \dfrac{P(H_0)}{P(H_1)}$ 为先验概率,则有 $\Omega'' = \Omega' \times L_R$。令 $u^* = \dfrac{L(0,H_1) - L(1,H_1)}{L(1,H_0) - L(0,H_0)} = \dfrac{L_{(\mathrm{II})}}{L_{(\mathrm{I})}}$,并称为损失比,其来源为传感器接收机的工作特性所决定。根据式(4-13),满足 $\dfrac{P''(H_0)}{P''(H_1)} < \dfrac{L_{(\mathrm{II})}}{L_{(\mathrm{I})}}$,则最佳决策为 H_0,反之最佳决策为 H_1。表明式(4-29)的分析与式(4-13)是一致的。

4.2.2 分散式结构协同模型

4.2.2.1 分散式信息结构

作战组织的分散式结构优点在于其生存性强,延时时间短。由于作战组织没有通信,作战单元或节点之间的协同困难,资源得不到很好的利用。例如,海上编队舰船拦截空中两个目标,并按照目标进行协同,但是在协同中由于通信等问题的存在,往往会出现平台对某一目标分配多个武器,而对另一目标没有分配武器的情况[4]。分散式协同假设检验的计算可以参照集中式决策假设检验的情况,分散式决策过程的结构如图4-2所示。

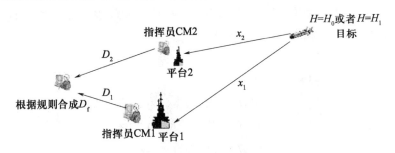

图4-2 分散式协同结构

分散式协同也有自己的特点:第一,分散式决策结构中,各指挥员是独立的,且只知道自己的传感器探测值;第二,分散式决策分别考虑决策损失,使总的统计平均损失最小,也就是说,分散式决策假设检验有一个共同的损失函数。

分散式决策有两个过程:一是计算各指挥员的损失函数;二是在单个决策 D_1,D_2 的基础上,根据决策规则进行合成,形成最终决策 D_f。假设输入的传感器探测值为 x_1,则在集中式决策结构中,可以得出一元假设检验问题的决策规则为

$$S_f : X_1 \rightarrow D_f, D_f \in \{0,1\} \quad (4-32)$$

通过推导和计算,可得出其最佳决策准则为

$$\begin{cases} H = H_1, \left(\dfrac{P(H_0) \cdot P(x_1 \mid H_0)}{P(H_1) \cdot P(x_1 \mid H_1)} \geqslant \dfrac{L(0, H_1) - L(1, H_1)}{L(1, H_0) - L(0, H_0)} \right) \\ H = H_0, \left(\dfrac{P(H_0) P(x_1 \mid H_0)}{P(H_1) P(x_1 \mid H_1)} < \dfrac{L(0, H_1) - L(1, H_1)}{L(1, H_0) - L(0, H_0)} \right) \end{cases}$$

(4-33)

式中:似然比检验为 $L_R(x_1) = \dfrac{P(x_1 \mid H_0)}{P(x_1 \mid H_1)}$,损失比为 $\dfrac{L_{(\mathrm{II})}}{L_{(\mathrm{I})}} = \dfrac{L(0, H_1) - L(1, H_1)}{L(1, H_0) - L(0, H_0)}$,它们构成了分散式协同的基础。

4.2.2.2 分散式结构协同模型

对于分散式组织结构的决策问题,其二元假设检验的决策规则为

$$\begin{cases} \gamma_1 : X_1 \to D_1 \\ \gamma_2 : X_2 \to D_2 \\ D_1 = \begin{cases} 0(H = H_0 \text{ 为真, 目标不存在}) \\ 1(H = H_1 \text{ 为真, 目标存在}) \end{cases} \\ D_2 = \begin{cases} 0(H = H_0 \text{ 为真, 目标不存在}) \\ 1(H = H_1 \text{ 为真, 目标存在}) \end{cases} \end{cases}$$

(4-34)

最佳决策规则:$L(D_i, H) = \{0,1\} \times \{0,1\} \times \{H_0 \times H_1\} \to R$ ($i = 1,2$) 其中 R 为实数。如果定义 $L(D, H) = L(D_1, D_2, H)$ 表示指挥员 1 和指挥员 2 对情况判明时做出决策时的代价,则希望决策的损失代价最小。这里设

$$\begin{cases} L(0,0,H_0) = L(1,1,H_1) = 0 \\ L(0,1,H_0) = L(1,0,H_0) = L(0,1,H_1) = L(1,0,H_1) = k_1 \\ L(0,0,H_1) = L(1,1,H_0) = k_2 \end{cases}$$

(4-35)

式(4-35)表明指挥员 1 和指挥员 2 完全正确决策的损失为 0,两者决策其中之一正确的损失为 k_1,两指挥员完全错误决策的损失

为 k_2，显然 $k_2 > k_1$。其最小损失函数为

$$L^*(D_f) = \min_{\gamma_f} E[L(D_1,D_2,H_j)] =$$

$$\min_{\gamma_f} E[L_1(D_1,H) + L_2(D_2,H)] \quad (4-36)$$

假设目标不存在为 $H = H_0$，目标存在为 $H = H_1$，目标的先验概率为 $P(H_0) = P_0, P(H_1) = P_1$，则有 $P_0 + P_1 = 1$。设两指挥员分别在平台上两个传感器同时探测目标，探测值 $x_1 \in X_1, x_2 \in X_2, X_1, X_2$ 为有限集，探测值的联合条件概率为 $P(x_1,x_2|H_i)(i=1,2)$，则指挥员根据决策规则，得出两指挥员协同的最终决策为 D_1 和 D_2。故有

$$E\{L(D_1,D_2,H)\} = \sum_{D_1,D_2,H} P(D_1,D_2,x_1,x_2,H) \cdot L(D_1,D_2,H) =$$

$$\sum_{D_1,D_2,H} \int_{x_1,x_2} P(D_1,D_2,x_1,x_2,H) \cdot L(D_1,D_2,H) \mathrm{d}x_1 \mathrm{d}x_2$$

$$(4-37)$$

由于 $P(D_1,D_2,x_1,x_2,H) = P(H)P(x_1,x_2|H)P(D_1|x_1,x_2,H)P(D_2|x_1,x_2,H,D_1)$，并考虑指挥员决策只与探测值有关，故有 $P(D_1|x_1,x_2,H) = P(x_1|x_2), P(D_2|x_1,x_2,H) = P(x_2|x_1)$。再考虑 $P(D_1=1|x_2) = 1 - P(D_1=0|x_2)$，将式(4-37)按照 $D_1 = 0$ 与 $D_1 = 1$ 展开并化简，得

$$L^*(D_f) = \min_{\gamma_f} E\{L(D_1,D_2,H)\} =$$

$$\min_{\gamma_f} \int_{x_1} P(D_1 = 0 | x_1) \sum_{D_2,H} \int_{x_2} P(H) P(D_2 | x_2)$$

$$P(x_1,x_2 | H)[L(0,D_2,H) - L(1,D_2,H)] \mathrm{d}x_1 \mathrm{d}x_2$$

$$(4-38)$$

由于 $P(D_1=0|x_1) \in \{0,1\}$，这里也可分两种情况进行讨论。像集中式决策的分析一样，通过计算可以得出其门限值为

$$\begin{cases} u_1^* = \psi(u_2^*) \\ u_2^* = \psi(u_1^*) \end{cases} \qquad (4-39)$$

式(4-39)表明：u_1^* 和 u_2^* 由于两个指挥员为了一个共同的目标，有一个共同的损失函数并且互相关联。如果损失函数可以分解，每个指挥员都有自己的损失函数，则两个指挥员之间互相独立。

实际上，在式(4-36)取得最小值的情况下，若任何探测值分布的门限值可以分解，则只需要将式(4-36)代入式(4-39)即可求出 u_1^* 和 u_2^* 的具体值。

分散式信息结构决策问题的本质是所有指挥员有着一个共同的损失函数。如果指挥员向合成决策中心报告信息，则该问题是一个集中式决策问题。如果指挥员向合成最终决策的 D_f 中心报告来自指挥员的决策值 D_1 和 D_2，则要通过"与""或"等合成规则，最后给出最终决策。这里采用"与"合成规则对分散式决策进行合成，如表4-3所列。

表4-3 不同传感器的合成规则表

决策规则合成		D_1		D_2	
		0	1	0	1
D_1	0	0	1	0	1
	1	1	1	1	1
D_2	0	0	1	0	1
	1	1	1	1	1

由表4-3可知，分散式作战组织的最终决策是通过不同的合成规则来进行的，不同的合成规则就决定了不同的决策结果，实际上，这是一种群决策的方法。

4.2.3 分布式组织结构协同模型

分布式组织协同结构是介于分散和集中两者之间的一种结构，它既是分散式决策指挥，各作战指挥员各行其责，又是集中式单个决策指挥,指挥员相互协同和合作。

4.2.3.1 分布式信息结构

这里讨论一个分布式信息结构的协同问题,其背景仍然是海军舰艇编队水面舰艇和抗击来袭反舰巡航导弹,这里指挥控制单元(平台)1 为主要指挥员 1,指挥控制单元(平台)2 为辅助指挥员 2,并且考虑通信的损失。这是一个具有上下级关系的分布式协同二元假设检验的问题,如图 4-3 所示。

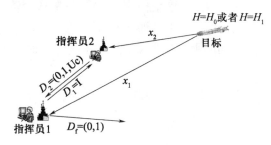

图 4-3 有通信损失下的分布式协同结构

图中:Uc(Uncetian)表示"不确定",I(Inquire)表示"询问"。对目标假设 H 的意义如下。

(1) 设目标不存在为 $H=H_0$,目标存在为 $H=H_1$。

(2) 假设目标的先验概率为 $P(H_0)=P_0$,$P(H_1)=P_1$,则有 $P_0+P_1=1$。

(3) 平台上两个传感器 1 和 2 同时探测目标,探测值 $x_1 \in X_1$,$x_2 \in X_2$,X_1,X_2 为有限集,探测值的联合条件概率为 $P(x_1,x_2|H_i)$,$i=1,2$。

这里分两种情况:当指挥员 1 直接做出最终决策 $D_f \in \{0,1\}$ 时,这种情况是集中式单个决策,在这里讨论没有意义;当指挥员 1 没有把握,向指挥员 2 发出询问 $D_1=I$ 时,这时决策要付出通信代价,指挥员 2 根据探测值也有 3 种判断,即 $D_2 \in \{0,1,Uc\}$(目标存在、不存在、不确定)。这时一旦指挥员 2 做出 $D_2 \in \{0,1\}$,则最终决策为 $D_f \in \{0,1\}$,如果不确定,即 $D_2=Uc$,则最终决策为 $D_1=$

$D_f \in \{0,1\}$,其决策过程如图4-4所示。

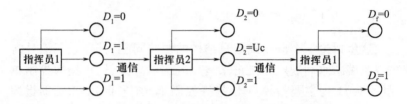

图4-4 有通信损失下的分布式协同结构决策过程

从图4-4可以看出,该结构决策的任务是从探测值 x_1, x_2 来判断最终的决策 $D_f \in \{0,1\}$,即目标不存在,$H = H_0$,或者存在,$H = H_1$,并且使共同的平均损失 L 最小。所以,其损失函数和决策规则分别为

$$\begin{cases} L:\{0,1,I\} \times \{0,1\} \times \{H_0, H_1\} \to R \\ \text{s.t.:有通信损失} \end{cases} \quad (4-40)$$

$$\begin{cases} \gamma_1 : X_1 \to D_1 (D_1 \in \{0,1,I\}) \\ \gamma_2 : X_2 \to D_2 (D_2 \in \{0,1,Uc\}) \\ \gamma_f : X_1 \times \{0,1,Uc\} \to D_f (D_f \in \{0,1\}) \\ \text{s.t.:} \begin{cases} P(D_f = 0 \mid D_1 = 0) = 1 \\ P(D_f = 1 \mid D_1 = 1) = 1 \end{cases} \end{cases} \quad (4-41)$$

4.2.3.2 分布式结构协同模型

当指挥员所在的平台1和2的传感器探测值的分布为正态分布形式:假设观察值 $x_1 \sim N(u, \sigma_1^2)$ 和 $x_2 \sim N(u, \sigma_2^2)$,$u$ 值在 H_0 和 H_1 时是不同的,设 $H_0: u = u_0, H_1: u = u_1$,且 $u_0 < u_1$。分布式协同一般具有两个特点:一是决策 D_1, D_2, D_f 是 Bayes 决策中似然比检验的确定性函数;二是两个指挥员具有稳定的决策门限值,指挥员1有低门限 X_1^l、高门限 X_1^h、最终决策门限 X_1^f 3个值。指挥员2有低门限 X_2^l、高门限 X_2^h,其含义如表4-4所列。

表4-4 决策门限情况表

门限值	条 件	结 果
X_2^h	$x_1 < X_1^l$	$D_1 = 0, D_f = 0$
X_1^h	$x_1 > X_1^h$	$D_1 = 1, D_f = 1$
X_1^f	$D_1 = I, D_2 = Uc$	$\begin{cases} D_f = 0 \ (x_1 < X_1^f) \\ D_f = 1 \ (x_1 > X_1^f) \end{cases}$
X_2^l	$x_2 < X_2^l$	$D_2 = 0, D_f = 0$
X_2^h	$x_2 > X_2^l$	$D_2 = 1, D_f = 1$

当 $x_2^l < x_2 < x_2^h$ 时，$D_2 = \text{Uc}$，指挥员 1 再根据 X_1^f 判定 D_f，在给定门限值的情况下，可以根据标准正态分布进行计算。定义

$$\phi_i^j(k) = z \int_{-\infty}^{\frac{x_i^j - u^*}{\sigma_i}} \frac{1}{\sqrt{2\pi}} e^{-\frac{1}{2}z} dz \ (i = 1,2; \ j = 1,f,h; \ k = 0,1)$$

$$(4-42)$$

式(4-42)表示不同的决策者($i = 1,2$)，不同的 $H_k(k = 0,1)$ 以及不同的门限 $j = 1,f,h$ 所得到的正态分布概率，通过积分和查正态分布表可以直接求得。

在集中式假设检验的门限值式(4-41)中，当判决正确时，代价为 0，判决错误时，代价为 1，此时的损失比 $u^* = \dfrac{L_{(\mathrm{II})}}{L_{(\mathrm{I})}} = \dfrac{L(0,H_1) - L(1,H_1)}{L(1,H_0) - L(0,H_0)} = 1$，判决准则为

$$\begin{cases} \dfrac{P(x_1, x_2 \mid H_0)}{P(x_1, x_2 \mid H_1)} \geqslant \dfrac{P(H_1)}{P(H_0)} = \dfrac{p_1}{p_0} \ (H = H_1) \\ \dfrac{P(x_1, x_2 \mid H_0)}{P(x_1, x_2 \mid H_1)} < \dfrac{P(H_1)}{P(H_0)} = \dfrac{p_1}{p_0} \ (H = H_0) \end{cases} \quad (4-43)$$

可以计算出集中式的门限值为

$$\begin{cases} u_1^* = (u_0 + u_1)/2 + [\sigma_1^2/(u_1 - u_0)]\ln[P_0/(1-P_0)] \\ u_2^* = (u_0 + u_1)/2 + [\sigma_2^2/(u_1 - u_0)]\ln[P_0/(1-P_0)] \end{cases}$$

(4-44)

定义 $X_1^* = u_1^*$,$X_2^* = u_2^*$,则得出的决策规则,证明可见参考文献[2]。

4.2.4 3种信息结构的协同比较与分析

4.2.4.1 3种协同比较

以上根据集中式决策、分散式群决策、分布式3种信息流结构,在Bayes假设检验条件下,以整个系统的损失最小作为系统的性能指标函数进行了协同分析。从数学意义上说,协同规则是一些集合的运算。

(1) 从决策规则看,集中式决策最为简单,分散式群决策较为复杂,分布式信息结构的协同最为复杂。

(2) 从目标函数组成看,其共同点是指挥员在进行协同中使决策损失最小,这是研究3种指挥结构协同规则形成的前提。其区别在于目标函数构成(损失函数)越来越复杂。

(3) 从最终决策规则看,由于传感器相互独立,使得决策的判明条件相对简单。而分散式群决策结构由于传感器和指挥员之间结构的限制以及相互的关联关系,使得协同的判明条件存在传感器门限值上互相包含、互为函数。分布式信息结构协同最为复杂,它不仅使指挥员之间的关系关联,而且受传感器门限的限制。

(4) 从它们之间的关系看,3种决策结构之间存在包含关系,集中式决策结构是基础,分散式群决策结构是相互关联的,分布式信息结构包含了集中式单个决策和分散式群决策结构。

(5) 从各自的损失构成看,集中式决策、分散式群决策结构的损失函数只考虑Bayes决策损失。分布式协同不仅包含了指挥员决策失误造成的损失,而且包含了指挥员之间为保证决策的正确而进行的通信损失。

(6) 从决策的形成过程看,集中式决策最为经典。分散式群决策结构最需要协作,如指挥员各自为战,则决策的效果很差,会出现打乱仗的现象,是军事决策的大忌。分布式结构处于集中式和分散式之间,既有协作问题,又有最高指挥员,符合作战的现实指挥层次结构。这也是分布式决策是军事指挥研究热点的重要原因。

4.2.4.2 协同复杂性分析

以上讨论了3种结构的决策问题,分散式群决策和分布式协同组织结构决策过程算法复杂、求解困难。一般来说,计算时间和算法的规模成正相关。因此,通常把计算时间的增长率作为算法的复杂性的量度。

1. 组织结构的复杂性

从组织结构看,分散式群决策比集中式决策假设检验要复杂,分布式协同要比分散式群决策要复杂,计算也相当困难。这种困难的原因不在于数学方法,而在于其组织结构本身的复杂性。在分散式群决策组织结构中,假设有多个指挥员 $CM_i (i \in n)$,则存在 $u_1^*, u_2^*, \cdots, u_n^*$ 个门限值,并且有函数关系为

$$\begin{cases} u_1^* = f_1(u_2^*, u_3^*, \cdots, u_n^*) \\ u_2^* = f_2(u_1^*, u_3^*, \cdots, u_n^*) \\ \vdots \\ u_n^* = f_n(u_1^*, u_2^*, \cdots, u_{n-1}^*) \end{cases} \quad (4-45)$$

一方面如果损失函数可以分解,则每个决策者有自己的损失函数,且相互独立,如果对分散式群决策假设检验问题进行合成,问题变成给定 $P_1, P_2, \cdots, P_n$,条件联合分布函数 $P(x_1, x_2, \cdots, x_n |$

H)和合成规则 $P(D_f|(D_1,D_2,\cdots,D_n))$,对每一个决策单元求决策规则 $P(D_i|(x_i))$ 使平均损失 $L(D_f,H)$ 最小。所有问题的最终可能决策有 $C_n^1+C_n^2+\cdots+C_n^n=2^n$ 种,在算法上,这就成了 NP 问题。另一方面分散式群决策假设检验计算的条件是假设 $P(x_1,x_2|H_i)=P(x_1|H_i)P(x_2|H_i)$,$i=0,1$ 独立,如果不独立,则计算时间的增长率呈指数增长,该问题仍然属于 NP 问题。如果对于多个目标以及多个决策单元,则其情况更加复杂。

2. 协同手段的复杂性

从协同的手段看,设有 n 个指挥员,每个传感器获得一个观察值为 x_i,$x_i \in X_i$,X_i 为有限的样本,指挥员 i 选择的决策为 D_i,$D_i \in D_i^*$,$D_i^* = S_i(x_i)$,设对每一个 $(x_1,x_2,\cdots,x_n) \in (X_1 \times X_2 \times \cdots \times X_n)$ 给出一组满意的决策 $g(x_1,x_2,\cdots,x_n) \in (D_1^* \times D_2^* \times \cdots \times D_n^*)$,$g$ 看成从 $(X_1 \times X_2 \times \cdots \times X_n)$ 到 $2^{D_1^* \times D_2^* \times \cdots \times D_n^*}$ 的一个函数,这就成了分布式协同限策略 DS 问题:即给出有限集 $X_1 \times X_2 \times \cdots \times X_n$ 和 $D_1^* \times D_2^* \times \cdots \times D_n^*$ 以及 $S:X_1 \times X_2 \times \cdots \times X_n \to 2^{D_1^* \times D_2^* \times \cdots \times D_n^*}$,看是否存在 $S:X_i \to D_i^*$ 使得对于任意 $(x_1,x_2,\cdots,x_n) \in (X_1 \times X_2 \times \cdots \times X_n)$,$[S_1(x_1),S_2(x_2),\cdots,S_3(x_3)] \in g(x_1,x_2,\cdots,x_n)$[5]。

由于决策人员只知道自己的观察值,在没有通信的情况下,不知道别人的观察值,每个决策员,即使知道一组最满意的决策,也不知道其他指挥员是否配合好自己的选择,所以 DS 问题是由分散信息引起的。DS 问题是一个 NP 问题,如果在有通信条件下,仍是一个 NP 问题。当然这并不是说对 NP 问题无能为力。如果在满足一定条件下,NP 问题可以转化为 P 问题。处理 NP 问题的方法有很多种,例如近似算法和概率算法、非确定图灵机(Alternating Turing Machine, ATM)的推广、并行计算等。如果解决了算法问题加上高速计算机等计算工具的支持,那么这种复杂性问题是可以得到解决的。美国 CEC 系统中的协同处理器 CEP 由 30 台 68040 微处理机组成,具有足够容量和计算能力,解决了复杂环境下信息交互处理问题。

4.3 无通信损失协同方法

在第 3 章里已经谈到了协同结构问题,协同结构要求指挥系统呈有层次递阶结构。随着网络技术的发展,出现扁平化结构,该结构从理论上是适应组织理论的经验学派和新组织结构学派提出的协调机制的观点,且层次递阶结构和扁平化结构也适应于用 Bayes 假设检验的"逐步递进法"进行建模和求解。

4.3.1 逐步递进法算法步骤

对于现代协同指挥的扁平结构,其算法思想为可以通过设置"虚拟"指挥员的方法,同类合并,分层接力,最后实现最终协同,如图 4-5 所示。假设决策节点有 n 个,其步骤为

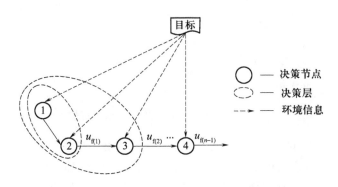

图 4-5 逐步递进法求解示意图

(1) 首先将节点 1 为顾问指挥员,节点 2 为主要指挥员,形成最终决策 u_{f1}。

(2) 将节点 1 和节点 2 的最终决策 $u_{f(1)}$ 作为新的顾问决策员,再与节点 3 构成分布式协同式决策,得出最终决策 $u_{f(2)}$。

(3) 以此类推,最终进行决策 $u_{f(n-1)}$。

4.3.2 逐步递进法求解及解例

4.3.2.1 两单元协同解例分析

这里以两协同单元(或者指挥节点)为例,研究无通信损失下分布式协同,其求解协同机制和规则是使相互协同时的 Bayes 损失最小。如果不考虑通信的损失,指挥员之间的关系直接从决策过程中体现出来,这样可避免由于通信造成的延迟,也缩短了指挥员的决策时间,这里分析在无通信损失条件下的决策规则的实现条件。结构如图 4-6 所示。

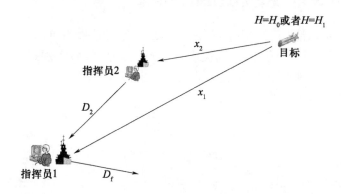

图 4-6 网络条件下的分布式协同结构

这里,两个指挥员的最终决策由指挥员 1 负责,指挥员 1 做出决策时需要指挥员 2 协同,指挥员 2 直接将决策上报给指挥员 1,最后由指挥员 1 给出最终决策。这里没有指挥员之间的询问,所以,不考虑决策的传输时间。其决策过程如图 4-7 所示。

该结构决策的任务是从探测值 x_1, x_2 来判断最终的决策 $D_f = D_1 \in \{0,1\}$,即目标不存在 $H = H_0$ 或者存在 $H = H_1$,探测值 x_1, x_2 在 H_0 和 H_1 情况下,服从正态分布。$P(X_1 | H = H_0) \sim N(u_{10}, \sigma_1^2)$,$P(X_1 | H = H_1) \sim N(u_{11}, \sigma_1^2)$,$P(X_2 | H = H_0) \sim N(u_{20}, \sigma_2^2)$,$P(X_2 | H = H_1) \sim N(u_{21}, \sigma_2^2)$。

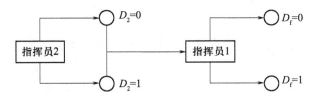

图 4-7 网络条件下分布式协同结构过程

4.3.2.2 损失函数和最优决策规则

分布式协同并且使共同的平均损失 L 最小,即 $\min E[L(D_1, H)]$。所以,其损失函数和决策规则分别为

$$L: \{0,1\} \times \{H_0, H_1\} \to R \quad (4-46)$$

$$\begin{cases} \gamma_2: X_2 \to D_2 (D_2 \in \{0,1\}) \\ \gamma_f: X_1 \times D_2 \to D_1 (D_f = D_1 \in \{0,1\}) \end{cases} \quad (4-47)$$

1. 指挥员 1 的决策规则

通过类似的推导,可以求出它们的门限值。目标函数为

$$\min_{\gamma_f} E\{L(D_f, H)\} = \min_{\gamma_f} \sum_{D_f, H} P(D_f, H) \cdot L(D_f, H) = $$

$$\min_{\gamma_f} \sum_{D_2, D_f, H} \int_{x_1, x_2} P(D_f, H, x_1, x_2) L(D_f, H) \mathrm{d}x_1 \mathrm{d}x_2 \quad (4-48)$$

由 $P(D_f, H, x_1, x_2) = P(H) \cdot P(x_1, x_2 | H) \cdot P(D_f | x_1, x_2, H)$,考虑 D_f, D_2, H 独立,则有

$$P(D_f | x_1, x_2, H) = P(D_2 | x_2, H) \cdot P(D_f | D_2, x_1) \quad (4-49)$$

故有

$$E\{L(D_f, H)\} = $$

$$\sum_{H, D_f, D_2} \int_{x_1, x_2} P(H) P(x_2, x_1 | H) \cdot P(D_2 | x_2, H) \cdot $$

$$P(D_f | D_2, x_1) L(D_f, H) \mathrm{d}x_2 \mathrm{d}x_1 \quad (4-50)$$

将式(4-50)右边按照 $D_f = 0, D_f = 1$ 展开,得

$$E\{L(D_f,H)\} =$$

$$\sum_{H,D_2} \int_{x_2,x_1} P(H)P(x_2,x_1 \mid H)P(D_2 \mid x_2,H) \cdot$$

$$[P(D_f = 0 \mid D_2,x_1)L(0,H) + P(D_f = 1 \mid D_2,x_1)L(1,H)] \mathrm{d}x_2 \mathrm{d}x_1 \qquad (4-51)$$

考虑 $P(D_f = 1 \mid D_2, x_1) = 1 - P(D_f = 0 \mid D_2, x_1)$,有

$$E\{L(D_f,H)\} =$$

$$\sum_{H,D_2} \int_{x_2,x_1} P(H)P(x_2,x_1 \mid H)P(D_2 \mid x_2,H) \cdot$$

$$[P(D_f = 0 \mid D_2,x_1)(L(0,H) - L(1,H)) + L(1,H)] \mathrm{d}x_2 \mathrm{d}x_1 \qquad (4-52)$$

由于是求式(4-52)的极小值,故不考虑常数项 $L(1,H)$,故有

$$\min_{\gamma_f} E\{L(D_f,H)\} =$$

$$\min_{\gamma_f} \sum_{D_2} \int_{x_1} P(D_f = 0 \mid D_2,x_1) \sum_{H} \int_{x_2} P(H)P(x_2,x_1 \mid H)P(D_2 \mid x_2,H) \cdot (L(0,H) - L(1,H)) \mathrm{d}x_2 \mathrm{d}x_1 \qquad (4-53)$$

下面分两种情况讨论。

(1) 当 $\sum_{H} \int_{x_2} P(H)P(x_2,x_1 \mid H)P(D_2 \mid x_2,H)(L(0,H) - L(1,H)) \geqslant 0$ 时,要保证式(4-53)取极小值,则当 $P(D_f = 0 \mid D_2, x_1) = 0$,也就是 $P(D_f = 1 \mid D_2, x_1) = 1$,判明 H_1 成立,否则 $P(D_f = 0 \mid D_2, x_1) = 1$,判明 H_0 成立。

$$\sum_{H} \int_{x_2} P(H)P(x_2,x_1 \mid H)P(D_2 \mid x_2,H)(L(0,H) - L(1,H)) =$$

$$\int_{x_2} P(H_0)P(x_2,x_1 \mid H_0)P(D_2 \mid x_2,H_0)(L(0,H_0) - L(1,H_0)) +$$

$$\int_{x_2} P(H_1)P(x_2,x_1\mid H_1)P(D_2\mid x_2,H_1)(L(0,H_1)-L(1,H_1))\geqslant 0$$

$$(4-54)$$

由于判断正确,则损失为 0,反之损失为 1。所以,有 $L(0,H_0)=0, L(1,H_0)=1, L(0,H_1)=1, L(1,H_1)=0$,代入式(4-54),得

$$\sum_H \int_{x_2} P(H)P(x_2,x_1\mid H)P(D_2\mid x_2,H)(L(0,H)-L(1,H))=$$

$$\int_{x_2} P(H_1)P(x_2,x_1\mid H_1)P(D_2\mid x_2,H_1)-$$

$$P(H_0)P(x_2,x_1\mid H_0)P(D_2\mid x_2,H_0)\geqslant 0 \qquad (4-55)$$

假定

$$\begin{cases} P(x_2,x_1\mid H_0)=P(x_2\mid x_1,H_0)P(x_1\mid H_0)=P(x_2\mid H_0)P(x_1\mid H_0)\\ P(x_2,x_1\mid H_1)=P(x_2\mid x_1,H_1)P(x_1\mid H_1)=P(x_2\mid H_1)P(x_1\mid H_1) \end{cases}$$

则式(4-55)为

$$\frac{P(x_1\mid H_1)}{P(x_1\mid H_0)}\geqslant \frac{P(H_0)}{P(H_1)}\frac{\int_{x_2} P(x_2\mid H_0)P(D_2\mid x_2,H_0)}{\int_{x_2} P(x_2\mid H_1)P(D_2\mid x_2,H_1)}=$$

$$\frac{P(H_0)P(D_2\mid H_0)}{P(H_1)P(D_2\mid H_1)} \qquad (4-56)$$

由假设的参数分布,有

$$\begin{cases} P(x_1\mid H_1)=\dfrac{1}{\sqrt{2\pi}\sigma_1}e^{\left[-\frac{(x_1-u_{11})^2}{2\sigma_1^2}\right]}\\ P(x_1\mid H_0)=\dfrac{1}{\sqrt{2\pi}\sigma_1}e^{\left[-\frac{(x_1-u_{10})^2}{2\sigma_1^2}\right]} \end{cases} \qquad (4-57)$$

将式(4-57)代入式(4-56),两边取对数,化简,得

$$\frac{(x_1-u_{10})^2}{2\sigma_1^2}-\frac{(x_1-u_{11})^2}{2\sigma_1^2}\geqslant \ln\frac{P(H_0)P(D_2\mid H_0)}{P(H_1)P(D_2\mid H_1)}$$

$$(4-58)$$

式(4-58)表明:当探测值为正态分布时,指挥员 1 的判决规则不仅与最初的先验概率有关,而且与指挥员 2 的决策 D_2 有关。

(2) 当 $\sum_H \int_{x_2} P(H) P(x_2,x_1 \mid H) P(D_2 \mid x_2,H)(L(0,H) - L(1,H)) < 0$ 时,要保证式(4-51)取极小值,则有 $P(D_f = 0 \mid D_2, x_1) = 1$,也就是说当 $P(D_f = 0 \mid D_2, x_1) = 1$ 时,H_0 成立,否则 $P(D_f = 0 \mid D_2, x_1) = 0$,判明 H_0 成立。以此类推,可得

$$\frac{(x_1 - u_{10})^2}{2\sigma_1^2} - \frac{(x_1 - u_{11})^2}{2\sigma_1^2} < \ln \frac{P(H_0)P(D_2 \mid H_0)}{P(H_1)P(D_2 \mid H_1)}$$

(4-59)

对于不同的 $D_2 \in \{0,1\}$,式(4-58)与式(4-59)将对应于两个不同的门限值,即

$$u_1^* = \begin{cases} u_{10}^* & (D_2 = 0) \\ u_{11}^* & (D_2 = 1) \end{cases}$$

式中:u_{11}^*、u_{10}^* 分别为指挥员 1 所在指控单元传感器对目标判明有无的门限值。

对于指挥员 1 有决策规则:

$$\gamma_1^* : \begin{cases} \text{若 } D_2 = 0, \text{且} \begin{cases} x_1 \geq u_{10}^*, \text{则 } D_f = 1 \\ x_1 < u_{10}^*, \text{则 } D_f = 0 \end{cases} \\ \text{若 } D_2 = 1, \text{且} \begin{cases} x_1 \geq u_{11}^*, \text{则 } D_f = 1 \\ x_1 < u_{11}^*, \text{则 } D_f = 0 \end{cases} \end{cases}$$

(4-60)

2. 指挥员 2 的决策规则

对于指挥员 2 的决策规则,则将式(4-50)按照 $D_2 = 0$ 或者 $D_2 = 1$ 展开,考虑 $P(D_2 = 0 \mid x_2) = 1 - P(D_2 = 1 \mid x_2)$,并且忽略常数项,则有

$$E\{L(D_f, H)\} = \int_{x_2} P(D_2 = 0 \mid x_2) \sum_{H,D_f} \int_{x_1} P(H) P(x_2, x_1 \mid H) \cdot L(D_f, H) \cdot$$

$$[P(D_f \mid x_1, D_2 = 0) - P(D_f \mid x_1, D_2 = 1)] \mathrm{d}x_2 \mathrm{d}x_1$$

(4-61)

要使式(4-61)取得最小值,这里分以下两种情况。

(1) 当 $\sum\limits_{H, D_f} \int\limits_{x_1} P(H) P(x_2, x_1 \mid H) \cdot L(D_f, H) [P(D_f \mid x_1, D_2 = 0) - P(D_f \mid x_1, D_2 = 1)] \geqslant 0$,通过类似的展开和计算,可得出

$$\frac{(x_2 - u_{20})^2}{2\sigma_2^2} - \frac{(x_2 - u_{21})^2}{2\sigma_2^2} \geqslant \ln \frac{P(H_0)}{P(H_1)}$$

$$\frac{P(D_f = 1 \mid H_0, D_2 = 1) - P(D_f = 1 \mid H_0, D_2 = 0)}{P(D_f = 0 \mid H_0, D_2 = 0) - P(D_f = 0 \mid H_0, D_2 = 1)}$$

(4-62)

(2) 当 $\sum\limits_{H, D_f} \int\limits_{x_1} P(H) P(x_2, x_1 \mid H) \cdot JL(D_f, H) [P(D_f \mid x_1, D_2 = 0) - P(D_f \mid x_1, D_2 = 1)] < 0$,以此类推,有

$$\frac{(x_2 - u_{20})^2}{2\sigma_2^2} - \frac{(x_2 - u_{21})^2}{2\sigma_2^2} < \ln \frac{P(H_0)}{P(H_1)}$$

$$\frac{P(D_f = 1 \mid H_0, D_2 = 1) - P(D_f = 1 \mid H_0, D_2 = 0)}{P(D_f = 0 \mid H_0, D_2 = 0) - P(D_f = 0 \mid H_0, D_2 = 1)}$$

(4-63)

当 u_{20}、u_{21}、σ_2 为已知时,式(4-63)和式(4-62)右侧对应为一个门限值,记为 u_2^*,则指挥员 2 的决策规则也是一个门限比较形式。这样就有决策规则为

$$\gamma_2^* : \begin{cases} D_2 = 1 & (x_2 \geqslant u_2^*) \\ D_2 = 0 & (x_2 < u_2^*) \end{cases} \quad (4-64)$$

对于一具有层次结构的指控系统中,当传感器的门限为已知

时,理论上当决策节点 1 在执行 γ_1^* 协同机制和规则时,当决策节点 2 在执行 γ_2^* 时,其最终决策的损失最小,即协同效果最佳。通过上述案例,得出无通信损失条件下的最优决策规则,即:

(1) 无通信损失,减少了通信的延迟,缩短了指挥员的决策时间。

(2) 协同单元中指挥员对于门限的认识理解要和具体环境相结合,其认知水平直接影响指挥员决策质量。

(3) 无通信损失条件下,简化了协同中的决策规则,降低了协同的难度,有利于协同中的最优决策模型建立和求解。

(4) 逐步递进法是求多指控单元协同的方法之一。无通信损失,使多指控单元决策规则得到简化,优化了协同机制,实现了协同效果的最优化。

4.4 有或无通信对协同效果的影响分析

4.4.1 有或无通信损失协同

采用的 Bayes 假设检验的方法,降低了情况判明中两类误差的损失比,最终使协同中的损失更小,导致信息质量提高。在分布式信息流指挥结构中,传统的有通信损失,延长了协同的时间,使得协同规则求解更加复杂,使指挥员很难达成认知一致性,且这种一致性难以检验。无通信损失下,协同对象变得更加透明,通信的延迟减少,缩短了指挥员的决策时间,同时,使协同决策规则大大简化,便于建模和求解。有或无通信损失,缩短指挥员的决策时间,归结为战术指控系统反应时间的缩短。如图 4-8 所示。

4.4.2 解例及分析

这里从研究舰空导弹系统拦截次数对目标突防的影响来说明基于 Bayes 检验协同效果。假设某舰艇编队拦截来袭目标(反舰

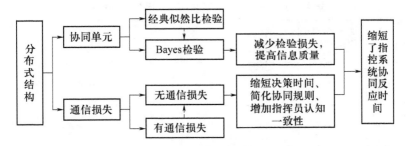

图 4-8 分布式结构协同效果因素分析

巡航导弹),作战过程假定如下。

(1) 来袭目标采用两发齐射方式进攻。采用两发齐射从理论上已经被证明是一种较好的射击方式。详见参考文献[6]。

(2) 舰空导弹拦截目标可以采用多次两发齐射,每次齐射后都要进行效能评估。

(3) 在齐射时,如空中有多个目标,则每枚舰空导弹各自选择什么目标有两种方式:一种是随机选择进攻目标;另一种是有目标分配的选择目标,也是一种积极的协同。不管采用何种方式,当反导导弹选定一个目标后,不再考虑"误中"另一个目标的可能。

4.4.2.1 目标的突防概率计算

假定每枚舰空导弹拦截目标是独立事件,命中目标就意味着目标被击毁,并且假定舰空导弹单发命中目标的概率为 p,其中 $0 \leq p \leq 1$,记 $q = 1 - p$,则 q 为未命中目标的概率。经 γ 次舰空导弹齐射后,未被命中的来袭导弹的数量为 δ,其概率可用 $P_{\alpha-\beta\times\gamma}(\delta)$ 表示,其中 $\alpha-\beta\times\gamma$ 为交战模式,α 为一次来袭目标数,β 为舰空导弹一次齐射数。显然,$P_{1-1\times1}(0) = p$,$P_{1-1\times1}(1) = q$。目标未被命中意味着目标突防,目标突防期望数用 $E_{\alpha-\beta\times\gamma}(M)$ 表示。如果舰空导弹对目标进行分配,那么目标突防期望数用 $P^*_{\alpha-\beta\times\gamma}(\delta)$、$E^*_{\alpha-\beta\times\gamma}(M)$ 来表示。用概率论知识可得各种模式下的目标突防概率,如表 4-5 所列。

表4-5 各种交战模式下目标突防概率

模式 \ 目标突防数	2	1	0
$P_{1-1\times1}$		q	p
$P_{1-1\times2}$		q^2	$p(1+q)$
$P_{1-1\times3}$		q^3	$p(1+q+q^2)$
$P_{2-2\times1}$	q^2	$(3q-1)/2$	$p(1-q)/2$
$P_{2-2\times2}$	q^4	$pq^2(1+3q)$	$p^2(1+2q+2q^2)$
$P_{2-2\times3}$	q^6	$3pq^4(1+3q)/2$	$p^2(1+2q+3q^2+4q^3+(7/2)q^4)$
$P^*_{2-2\times1}$	q^2	$2pq$	p^2
$P^*_{2-2\times2}$	q^4	$4pq^3$	$p^2(1+2q+3q^2)$
$P^*_{2-2\times3}$	q^6	$6pq^5$	$p^2(1+2q+3q^2+4q^3+5q^4)$

在 γ 次两发齐射拦截两发齐射的来袭导弹时，来袭导弹至少突防1枚的数学期望和平均数学期望为

$$\begin{cases} E_{2-2\times\gamma}(M) = 2P_{2-2\times\gamma}(2) + P_{2-2\times\gamma}(1) \\ E_{2-2\times\gamma}(M)/2 = P_{2-2\times\gamma}(2) + P_{2-2\times\gamma}(1)/2 \end{cases} \quad (4-65)$$

在舰空导弹不超过 γ 次两发齐射以拦截两发齐射目标时，舰空导弹使用期望数为

$$E_{2-2\times\gamma}(N) = 2\left(1 + \sum_{\lambda=1}^{\gamma-1}(1 - P_{2-2\times\lambda}(0))\right) = 2\left(\gamma - \sum_{\lambda=1}^{\gamma-1}P_{2-2\times\lambda}(0)\right) \quad (4-66)$$

单发舰空导弹命中目标的期望数为

$$E_{2-2\times\gamma}(R) = \frac{1 - E_{2-2\times\gamma}(M)/2}{E_{2-2\times\gamma}(N)/2} \quad (4-67)$$

根据式(4-65)、式(4-66)、式(4-67)可以得出有或无目标分配时，$E(M)/\alpha$ 和 $E(R)$ 情况。

4.4.2.2 不同模式下平均拦截概率

单发舰空导弹平均命中目标的数学期望是衡量拦截效果的重

要指标。因此,有必要对 $E_{2-2\times y}(R)$ 进行分析。分别对舰空导弹单发概率为 $p=0.1,0.2,\cdots,0.9$ 进行计算,结果如图 4-9 所示。

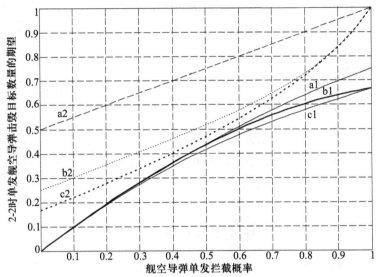

图 4-9 2-2 不同拦截次数时舰空导弹平均命中目标期望数
a1—无分配 2-2 时拦截 1 次时每发航空导弹击毁目标的数学期望;
b1—无分配 2-2 时拦截 2 次时每发航空导弹击毁目标的数学期望;
c1—无分配 2-2 时拦截 3 次时每发航空导弹击毁目标的数学期望;
a2—无分配 2-2 时拦截 1 次时每发航空导弹击毁目标的数学期望;
b2—无分配 2-2 时拦截 2 次时每发航空导弹击毁目标的数学期望;
c2—无分配 2-2 时拦截 3 次时每发航空导弹击毁目标的数学期望。

由图 4-9 可以看出,不论舰空导弹的拦截概率有多大,有

$$\begin{cases} E_{2-2\times 1}(R) > E_{2-2\times 2}(R) > E_{2-2\times 3}(R) \\ E^*_{2-2\times 1}(R) > E^*_{2-2\times 2}(R) > E^*_{2-2\times 3}(R) \end{cases} \quad (4-68)$$

式(4-68)表明,编队不论有无目标分配,舰空导弹两发齐射方式进行拦截,拦截次数多,平均命中目标的数学期望数量小,也就是说,随着拦截次数的增加,剩下的目标数越来越少。同时式(4-68)还表明,编队舰空导弹对目标拦截采用有目标分

配优于无目标分配。下面给出编队舰空导弹概率 $p=0.7$ 时,有无目标分配时不同拦截次数时平均命中目标的数学期望。如表 4-6 所列。

表 4-6 有无目标分配时不同拦截次数的目标平均突防数

拦截次数 \ 目标平均突防数	有目标分配 $E^*(R)$	无目标分配 $E(R)$
1 次拦截	0.8500	0.5775
2 次拦截	0.6471	0.5575
3 次拦截	0.6256	0.5311

由表 4-6 可知,当舰空导弹概率 $p=0.7$ 时,随着拦截次数的增加,平均命中目标的数学期望越来越小,也说明目标突防越来越小。

4.4.2.3 不同模式下目标平均突防数

为了进一步分析目标突防的数学期望 $E(M)$,必须要对 $E_{2-2\times\gamma}(M)$ 进行分析。分别对舰空导弹单发概率为 $p=0.1$, $0.2,\cdots,0.9$ 进行计算,并画图,如图 4-10 所示。

由图 4-10 可以看出,不论舰空导弹的拦截概率有多大,总有

$$\begin{cases} E_{2-2\times1}(M) > E_{2-2\times2}(M) > E_{2-2\times3}(M) \\ E^*_{2-2\times1}(M) > E^*_{2-2\times2}(M) > E^*_{2-2\times3}(M) \\ E^*_{2-2\times\gamma}(M) < E_{2-2\times\gamma}(M) \end{cases} \quad (4-69)$$

式(4-69)表明,编队不论有无目标分配,当目标为两发齐射反舰巡航导弹或两架飞机,舰空导弹采取两发齐射方式进行拦截,拦截次数少,目标突防数量大,也就是说,舰空导弹拦截次数多,目标突防数量小。同时式(4-69)还表明,编队舰空导弹对目标拦截采用有目标分配优于无目标分配。下面给出编队舰空导弹概率 $p=0.7$ 时,有无目标分配时不同拦截次数时目标的平均突防数,如表 4-7 所列。

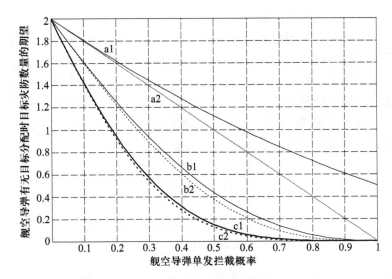

图 4-10　2-2 不同拦截次数时目标突防期望数
a1—无目标分配 2 发齐射 2 发拦截 1 次时突防数量期望；
b1—无目标分配 2 发齐射 2 发拦截 2 次时突防数量期望；
c1—无目标分配 2 发齐射 2 发拦截 3 次时突防数量期望；
a2—无目标分配 2 发齐射 2 发拦截 1 次时突防数量期望；
b2—无目标分配 2 发齐射 2 发拦截 2 次时突防数量期望；
c2—无目标分配 2 发齐射 2 发拦截 3 次时突防数量期望。

表 4-7　有无目标分配时不同拦截次数时目标平均突防数

拦截次数 \ 目标平均突防数	有目标分配 $E^*(M)/2$	无目标分配 $E(M)/2$
1 次拦截	0.6000	0.8450
2 次拦截	0.0918	0.1359
3 次拦截	0.0117	0.0176

由表 4-7 可知,当舰空导弹概率 $p=0.7$ 时,做两次有目标分配拦截,目标突防数为 0.0918 枚。而作两次无目标分配拦截,目标突防数为 0.1359 枚。并且不论有无目标分配,舰空导弹 3 次拦截,目标突防数分别为 0.0117 和 0.0176 枚,也就是说,舰空导弹

做 3 次拦截,目标无法突防。

解例从 3 个层面说明了协同效果。一是采用 Bayes 假设检验提高了信息质量,使指挥员尽早决策,间接缩短了决策时间。二是无通信损失条件下减少了指挥控制系统的反应时间,从根本上也增加了完成任务的机会(拦截次数)。三是有组织地对目标进行分配是一种积极的协同,而随机分配目标没有协同,有组织的对目标进行分配协同效果优于随机分配效果。

参 考 文 献

[1] 言茂松.贝叶斯风险决策工程[M].北京:清华大学出版社,1989.
[2] 吴枕江,刘雨,等.指挥控制系统分析概论[M].长沙:国防科技大学出版社,1999.
[3] 杨雷著.群体决策理论与应用[M].北京:经济科学出版社,2004(12):55 - 66.
[4] 卜先锦,何宝民,董文洪.有无组织的 WTA 与射击效率分析[J].火力与指挥控制,2008,(5):28 - 32.
[5] 卜先锦,何宝民,董文洪.环境判明的组织决策设计及复杂性研究[J].弹道学报,2005,(3):19 - 22.
[6] Bu Xianjin, Ren Yiguang, Sha Jichang. Influence of Missile Fusillade Engagement Mode on Operation Efficiency[J]. Journal of China ordnance, 2008,(3):230 - 234.

第 5 章　协同不确定分析及知识模型

　　Bayes 假设检验方法是通过建立作战组织对环境情况判明的决策模型，用"逐层递进法"进行求解，研究最佳协同效果条件下，作战组织的协同手段、协同最优决策问题。然而，由于信息时代作战组织成为网络组织，组织单元或节点形成了网络中的簇。簇作为一种特别的军事组织，其决策效果取决于指挥员对环境的理解、空间感知、时间范围和决策关键信息元素的信息质量。由于指挥员水平和经验等差异加上作战环境的不确定因素，加上决策所依赖的关键信息元素在获取与传输中的不确定性，一定程度上影响组织的决策和协同效果。本章主要研究指挥员认知和信息获取及处理过程中建立基于知识熵的协同效果模型，研究协同时间和信息质量对协同效果的影响。

5.1　信息不确定性描述与知识度量

　　在簇中，指挥员的协同依据是环境的关键信息元素。大多数情况下，簇中指挥员的决策往往不需要全部关键信息元素，其原因一是完全获取关键信息困难，二是指挥员必须在有限的战场空间和时间内做出决策。这就带来一个矛盾，即在决策人风险中立情况下，多少信息可以使决策者进行决策。信息不确定性度量的有效方法是信息熵，因而可用概率熵模型来描述簇中决策所需的关键信息元素的不确定性。

5.1.1　关键信息元素的正态模型

　　簇决策取决于关键信息元素当前的估计值。如果关键信息元素的不确定性能够用正态分布来表达的话，则可使用 RPD 模型刻画关键信息元素之间的关系,RPD 模型实际上是一个运算法则的集合,共同支持决策节点的决策行为,他要求决策"概念空间"能涵盖部分关键信息元素就可以了。这些关键信息元素是网络中决策元素全集 $\{a_1,a_2,\cdots,a_N\}$ 的一个子集。指挥员对关键要素随时间的估计可用一个动态线性模型(Dynamic Linear Model, DLM)来描述。理想状况下,可通过获取大量信息或者网络协作增加信息要素,减少信息的不确定性,可见参考文献[1,2]。

假定簇中关键信息元素 $A = \{a_1,a_2,\cdots,a_C\}$ 服从多元正态分布,其不确定性值可用随机向量 $X = [x_1,x_2,\cdots,x_C]^T$ 来表示,即

$$f(X) = (2\pi)^{-\frac{C}{2}}|\Sigma|^{-\frac{1}{2}}e^{\left(-\frac{1}{2}[X-\mu]^T\Sigma^{-1}[X-\mu]\right)} \quad (5-1)$$

式中: $\mu = [\mu_1,\mu_2,\cdots,\mu_C]$ 为均值,其协方差矩阵为

$$\Sigma = \begin{bmatrix} \sigma_1^2 & \Sigma_{1,2} & \cdots & \Sigma_{1,C} \\ \Sigma_{2,1} & \sigma_2^2 & \cdots & \Sigma_{2,C} \\ \vdots & \vdots & & \vdots \\ \Sigma_{C,1} & \Sigma_{C,2} & \cdots & \sigma_C^2 \end{bmatrix} \quad (5-2)$$

其中:非对角线上的元素为随机变量 x_i 和 x_j 的协方差,其计算表达式为 $\Sigma_{i,j} = E(x_i - u_i)(x_j - u_j)$,$\rho_{i,j} = \Sigma_{i,j}/\sigma_i\sigma_j$ 为 x_i 和 x_j 间的关联系数。当 $i=j$ 时,即为协方差矩阵对角线上的方差 σ_i^2。多元正态分布的熵可用协方差矩阵计算,协方差越小,则关键信息元素的估计值越准确。

5.1.2 基于信息熵的知识度量

5.1.2.1 熵的表示

簇中的协同依赖于指挥员和当前关键信息元素趋于真值的程度。设 $f(X)$ 表示关键信息元素值关联的分布,它形成了衡量知识水平的基础。对于概率密度函数 $f(X)$ 的熵,可定义其熵为

$$H(X) = E[-\lg f(X)] = -\int_{x_1}\int_{x_2}\cdots\int_{x_C}f(X)\lg f(X)\mathrm{d}x_C\cdots\mathrm{d}x_2\mathrm{d}x_1$$

$$(5-3)$$

当 $f(X)$ 连续时,$H(x)$ 是微分熵。在信息理论中,为了规范化连续的信息源的熵可用二进制的比特单位来表示这种量值。假设 x 是一个概率密度函数为 $f(x)$,x 的微分熵定义为

$$H(x) = -\int_{-\infty}^{\infty} f(x)\lg f(x)\mathrm{d}x \qquad (5-4)$$

对于多元正态分布,微分熵的计算为

$$H(X) = E[-\lg f(X)] =$$
$$E[-\lg(2\pi)^{-\frac{C}{2}}|\Sigma|^{-\frac{1}{2}}\mathrm{e}^{(-\frac{1}{2}[X-\mu]^T\Sigma^{-1}[X-\mu])}] \qquad (5-5)$$

化简式(5-5),得

$$H(X) = \frac{1}{2}\lg[(2\pi\mathrm{e})^C|\Sigma|] \qquad (5-6)$$

式中:$|\Sigma|$ 为协方差矩阵 Σ 的行列式;C 为关键信息元素数,$C \leqslant N$。

熵是事物无序的一种反映,然而,熵不是绝对的,所以,对簇来说,研究其相对熵意义更大。在计算 $H(X)$ 时,考虑 $H(X)$ 应随协方差变化,当 C 是常量时,可将式(5-6)简化为:$H_r(X) = \lg|\Sigma|$,从而 $H(X)$ 成为信息熵的相对度量。为了方便起见,可将 $H_r(X)$ 下标 r 省略,即有

$$H(X) = \lg|\Sigma| \qquad (5-7)$$

5.1.2.2 知识的度量

记 $K(X)$ 为知识函数($0 \leqslant K(X) \leqslant 1$),它反映决策者对关键信息元素 $\{a_1,a_2,\cdots,a_C\}$ 及其相互之间关系的理解程度。当 $K(X) \to 1$ 时,表明知识多,决策对其依赖的关键信息元素理解好,信息质量高;当 $K(X) \to 0$ 时,则相反。

定义 5.1 对于多元正态分布,设其最大协方差熵存在,称 $H_{\max}(X)$ 为最大信息熵,记为 $H_{\max}(X) = \lg|\Sigma|_{\max}$。

通常这可解释为分布不确定的最大化。例如对于平面目标的位置信息,其关键信息元素的分布 $f(X)$ 包含 x 和 y 坐标轴信息,这时,最大化熵与某一搜索区域相关。

定义 5.2 如果最大熵 $\lg|\Sigma|_{max}$ 存在,那么在给定时间内,称 $H(X)_{max} - H(X) = \lg|\Sigma|_{max} - \lg|\Sigma|$ 为剩余熵,记为 $\Delta H(X)$。

定理 5.1 如果簇知识函数存在,且 $K(X) \in [0,1]$,则有

$$K(X) = 1 - e^{-\Delta H(X)} = 1 - \frac{|\Sigma|}{|\Sigma|_{max}} \qquad (5-8)$$

证明 由于 $K(X) \in [0,1]$,且可用 $K(X) = 1 - e^{-\Delta H(X)}$ 表示,根据定义 5.2,有

$$K(X) = 1 - e^{-\Delta H(X)} = 1 - e^{-(H(X)_{max} - H(X))} =$$
$$1 - e^{-(\lg|\Sigma|_{max} - \lg|\Sigma|)} = 1 - \frac{|\Sigma|}{|\Sigma|_{max}} \qquad (5-9)$$

定理 5.1 表明,当关键信息元素协方差矩阵行列式值越大,信息的不确定性也越大,知识积累少;反之,知识积累越大。由于行列式值依赖于其关联系数,所以,降低信息熵增加知识的关键是增加对关键元素之间关联程度的理解。这意味着信息可通过分析一个关键信息元素从而得到另一个关键信息元素。

5.2　关键信息元素关联推测方法

关键信息元素的关联描述,主要包括两方面的内容:一是描述关键信息元素的相对重要性,例如舰艇编队的对空防御中,目标(反舰巡航导弹)的位置信息比型号信息要重要;另一个是描述关键信息元素之间相互推测程度,例如,目标(反舰巡航导弹)速度和型号关联,传感器探测到目标的速度后,其类型也可以通过存储在指控系统数据库中的数据或图像来推测,同样,类型也可推测其速度等。

舰艇编队对空防御,簇可能由驱逐舰或护卫舰平台组成,每一个武器系统需要同样的信息,即目标的位置信息(纬度和经度)、高度、速度、方位以及类型,它们构成了关键信息元素集,即 $A = \{a_1, a_2, a_3, a_4, a_5\} = \{位置,高度,速度,方位,型号\}$。下面来分析这些关键信息元素关联时表现出来的一些特性。

(1) 位置：目标平面位置信息由两方面因素组成，即纬度和经度，所以，关键信息元素为 $a_1 = \{a_{1,x}, a_{1,y}\}$。传统方法对其不确定性作为二元正态分布考虑的。

(2) 高度：实际上，目标位置信息是三维的，即它还包括高度的不确定性信息，而高度是相对海平面而言，所以它的不确定性可用一个 Gamma（伽玛）分布来进行描述。

(3) 速度：通常，目标速度是真实可靠的，是目标本身性能的反映。

(4) 方位：目标方位在 $[0, 2\pi]$ 内，如果在 $[0, 1]$ 内规范化，则可用均匀分布来描述。

(5) 型号：目标的型号是外在的，具有象形和字面意义，其分布为经验分布。

尽管关键信息元素越多越真实，但这种描述也带来明显的问题，原因在于关键信息元素之间的复杂性联系。例如，上述例子中，导弹速度在某种情况下是型号的函数等。另外，每个关键信息元素对于簇决策重要性也不一样，这就是权重的问题。

5.2.1 权重的确定

关键信息元素之间通常是关联的，确定关键信息元素权重方法有多种，这里讨论 Keeney-Raiffa 法和组合优先法。

5.2.1.1 Keeney-Raiffa 法

Keeney-Raiffa 法对知识的评价可表示为如下形式：

$$\delta K_V(A) + 1 = \prod_{i=1}^{c} [\delta \omega_i K_V(a_i) + 1] \qquad (5-10)$$

式中：δ 为规范化系数，用来保证 $K_V(A)$ 和 $K_V(a_i)$ 之间的一致性。

δ 的值是通过

$$\delta + 1 = \prod_{i=1}^{c} [\delta \omega_i + 1] \qquad (5-11)$$

来确定的。该方法的一个好处是它允许属性之间存在可能的交互作用,如,$C=2$ 时,$\{a_1,a_2\}$ 是簇关键信息元素,将 $C=2$ 代入式(5-10)展开计算并化简,得

$$K_V(A) = \omega_1 K_V(a_1) + \omega_2 K_V(a_2) + \delta\omega_1\omega_2 K_V(a_1)K_V(a_2)$$
(5-12)

式中:$\delta=(1-\omega_1-\omega_2)/\omega_1\omega_2$ 是通过将 $C=2$ 代入式(5-11)并展开得到的。

由于簇中信息共享,关键信息元素互相联系和依赖,Keeney-Raiffa 多属性效用方法描述了关键信息元素相互依赖条件下的权系数求取方法,存在的不足是当关键信息元素过多时分析复杂。

5.2.1.2 组合优先法

组合优先法是另一种获得关键信息元素关联情况下的权重方法。主要基于以下需求:第一,作战是否需要评估全部关键信息元素。第二,仅仅知道部分关键信息元素时如何决策,如知道目标的位置和速度等信息是否能够决策拦截。对于有 C 个关键信息元素来说,将有 2^C 个这样的决策问题存在。如果关键信息元素集合为 $A=\{a_1,a_2,a_3\}$,这就会组合为 $2^3=8$ 种决策。第三,对决策中没有使用的信息元素,它们是否是关键的。假定一个信息元素被确定为"关键"的,而它又是决策所必需的信息,该怎么办?当然,决策往往并不是依赖完全信息的。鉴于以上分析,这里对所有信息元素进行评价以便找到所有信息元素的组合分配权,这个方法就是组合优先法。组合优先法适用于信息元素较少的情况。随着信息元素数量的增多,2^C 也呈几何倍数增加,这对该方法的使用显然不利。庆幸的是,对于绝大多数战术决策而言,关键信息元素的数量较少。

组合优先法的使用步骤如下:
(1)根据决策经验,列出关键信息元素使用情况分配表。
(2)计算可以进行决策时使用关键信息元素的次数。
(3)给出每一个信息元素的分值。

(4) 计算这些分值的和,得到一个相对的权重。

下面举例说明组合优先法。

舰机联合反潜是现代海上反潜的基本样式,某海上编队由 1 艘驱逐舰和 1 艘护卫舰组成,在执行海上反潜任务中,由驱逐舰上舰载直升机和 2 艘舰联合对来自水下的潜艇进行搜索并进行打击,如图 5-1 所示。

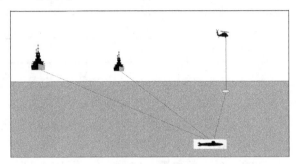

图 5-1 海上编队反潜示意图

对于编队来说,对潜艇的打击决策取决于能否发现潜艇。描述潜艇被发现的关键信息要素有 4 个,即潜艇的位置、方位、速度、类型,因此,有 $2^4 = 16$ 种决策。根据指挥员作战的经验,列出常用针对潜艇的反潜策略,如表 5-1 所列。

表 5-1 关键信息元素权重分配

序号	位置(a_1)	速度(a_2)	方位(a_3)	型号(a_4)	决策(是/否打击)
1	—	—	—	—	否
2	√	—	—	—	是
3	—	√	—	—	否
4	—	—	√	—	否
5	—	—	—	√	否
6	√	√	—	—	是
7	√	—	√	—	是
8	√	—	—	√	是
9	—	√	√	—	是

(续)

序号	位置(a_1)	速度(a_2)	方位(a_3)	型号(a_4)	决策(是/否打击)
10	—	√	—	√	否
11	—	—	√	√	否
12	√	√	√	—	是
13	√	—	√	√	是
14	—	√	√	√	是
15	√	√	—	√	是
16	√	√	√	√	是

通过计算可得到关键信息元素的权重：$\omega_1 = 0.32$，$\omega_2 = \omega_3 = 0.24$，$\omega_4 = 0.2$。可见，目标的位置信息是第一位要素，其次是目标的速度和方位信息，最后才是目标的类型。

然而，由于"类型"在各种组合中没有使用，因而显得不重要。严格地说，要考虑 4 个因素合作组合权重问题。组合权重来自 Bates 和 Granger 提出的组合预测方法，组合预测就是综合利用各种预测方法所提供的信息，以适当的加权平均形式得出组合预测模型。军事上，组合预测权系数还取决于决策的性质，即合作还是对抗。其中合作对策 Shapley 方法是一种有效的方法，有兴趣的读者可阅读参考文献[3]。

5.2.2 关联程度与相对熵距

5.2.2.1 相对熵和互信息

为了建立关键信息元素的知识关联，这里引入知识函数的概念是以随机变量 X 和 Y 为基础的。如果以一个随机变量可以推测另一个随机变量，则称这种结构为关联信息结构。

定义 5.3 相对熵距。当 X 的分布函数理论上为 $q(x)$，而实际分布是函数 $p(x)$ 时，称 $\sum_{x \in X} p(x) \lg \dfrac{p(x)}{q(x)}$ 为相对熵距，记为

$$D[p(x) \| q(x)] = \sum_{x \in X} p(x) \lg \frac{p(x)}{q(x)} \quad (5-13)$$

这里,相对熵距是用来描述两个函数之间"距离"的一个量,该定义描述了关键信息元素理论和实际信息的误差。式(5-13)中,当 $p(x_i) = 0$ 时,则 $D[p(x) \| q(x)] = 0$;当 $q(x) = 0$ 时,$D[p(x) \| q(x)] = \infty$;如果 $p(x) = q(x)$,那么 $D[p(x) \| q(x)] = 0$。由于相对熵距不能相互交换,$D[p(x) \| q(x)]$ 不一定等于 $D[q(x) \| p(x)]$,所以它并不是一个真正意义上的距离单位。为了解决相对熵距不能相互交换问题,需要有一个统一的指标来衡量,Kullback 将 $D[p(x) \| q(x)] + D[q(x) \| p(x)]$,即两者的和作为衡量 $p(x)$ 和 $q(x)$ 之间距离的一个量值[4]。

定义 5.4 设有两个相互关联的随机变量 X 和 Y,若两变量之间的联合密度函数为 $p(x,y)$,边缘密度函数分别为 $p(x)$ 和 $q(x)$,则互信息为

$$I(X;Y) = D[p(x,y) \| p(x)p(y)] = \sum_{x \in X} \sum_{y \in Y} p(x) \lg \frac{p(x,y)}{p(x)p(y)} \quad (5-14)$$

式中:$I(X;Y)$ 表示互信息,即 X 和 Y 之间的公共信息。

5.2.2.2 互信息与条件熵的关系

互信息与条件熵是分不开的,条件熵是在一定条件情况下的信息熵,条件熵 $H(X|Y)$ 和 $H(Y|X)$ 反映了随机变量的依赖关系。

定义 5.5 如果随机变量 X 和 Y 的联合分布密度为 $p(x,y)$,则称输出收到变量 Y 后,对输入端变量 X 的平均不确定性称为条件熵,记为 $H(X|Y)$。由条件熵的定义,可得

$$H(X|Y) = \sum_{x \in Y} p(y) \sum_{y \in X} p(x|y) \frac{1}{\lg p(x|y)} = \sum_{x \in X} \sum_{y \in Y} p(x,y) \frac{1}{\lg p(x|y)} \quad (5-15)$$

根据平均互信息的定义,可得互信息和信息熵之间的关系表达式为

$$I(X;Y) = H(X) - H(X \mid Y) \quad (5-16)$$

对于多元情况,通过对两个信息因素之间关系进行拓展,得

$$I(X_1, X_2, \cdots, X_C; Y) = H(X_1, X_2, \cdots, X_C) - H(X_1, X_2, \cdots, X_C \mid Y)$$
$$(5-17)$$

平均互信息表示输出随机变量 Y 的信息后,平均每个 Y 获得关于随机变量 X 的信息量。通过平均互信息可消除一些不确定性。

5.2.2.3 示例

以编队防空为例,假设来袭目标为反舰巡航导弹,根据互信息推测其类型和速度关联程度。由于导弹受到环境因素的影响,导致导弹的速度和型号相对熵之间推测"距离"不相同,尽管如此,也并不妨碍互信息来描述。

这里将关键信息元素速度和类型设为随机变量 V 和 T,定义两者之间的联合密度函数为 $p(v,t)$。表 5-2 所列为表示事件 $V_i \cup T_j$ 或者 $p(v_i, t_j)$ 的联合密度。

表 5-2 巡航导弹速度和类型的联合密度函数

T V/Ma	t_1	t_2	t_3	$p(v_i)$
0~0.75	0.04	0.04	0.20	0.28
0.75~1.0	0.15	0.14	0.03	0.32
1.0~2.0	0.02	0.05	0.06	0.13
>2.0	0.04	0.01	0.22	0.27
$p(t_j)$	0.25	0.24	0.51	1.00

边缘分布函数 $p(v_i)$ 和 $p(t_i)$ 分别表示的是发射 t_j 类型的导弹速度在 v_i 的范围内的概率。t_1, t_2, t_3 表示了 3 种类型的导弹,并且将导弹的速度划分为 4 个区间,分别表示在表的左边。由此,可得出互信息为

$$I(T;V) = \sum_{j=1}^{3} \sum_{i=1}^{4} p(v_i, t_j) \lg \frac{p(v_i, t_j)}{p(v_i) p(t_j)} \quad (5-18)$$

通过式(5-18)计算得出 $I(T;V) = 0.281(\text{Nat})$。另外,由于 $I(T;V) = I(V;T)$,可通过大量类型信息来确定其速度信息。需要指出的是用互信息方法的条件是针对所有临近关键信息。

5.3 基于信息质量的协同模型

军事组织的协同效果主要面临两个问题:一是提高决策质量,二是缩短决策时间。海森堡(Heisenberg)测不准原理指出:物体的位置与速度不能同时精确测量。换一种说法是,对物体能量的测量误差与测量时间成反比。考虑到作战行动是需要能量的,所以,对作战行动的测量类似于对能量的测量。测不准原理反映在指挥决策中,其意义可描述为时间短,决策过早,可能因信息不足而使信息质量误差增大。而时间长,推迟决策,可能错失良机。

通常,军事组织的决策只能在一定的时间窗口内进行。态势认识偏差和决策时间是相互矛盾的,要减少认识偏差需要足够的情报收集时间,但是,当时间太长时,决策落在时间窗口外,这时再完美的决策也会变得毫无意义。在战场信息共享的条件下,认识偏差随着时间的变更有更快的下降速度,如图5-2所示[5]。

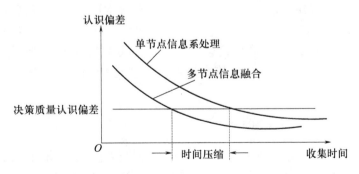

图5-2 信息共享对情报收集时间的需求

当认识偏差一定,通过多节点的信息共享,实现信息融合,可压缩达到该偏差的时间,从而可加快作战节拍。当给定时间限制时,在多节点信息融合条件下的认识偏差比单节点信息处理认识偏差更小,这正是协同的益处所在。

5.3.1 误差的产生

为了评估网络中关键信息元素对决策的影响程度,需要评估信息元素的完备性和偏差。由于信息熵是分布方差的函数,因此知识函数也是方差的函数。方差主要由两种误差构成,即系统误差和随机误差。

误差是由系统失真所引起的误差,也叫系统误差。如果 $E[\hat{\mu}] = \mu$,表明该估计为无偏估计,即参数均值的估计值 $\hat{\mu}$ 是参数的均值的真实值 μ。而实际评估运用中,误差往往是有偏的,即 $b = |E[\hat{\mu}] - \mu| \neq 0$。

误差也可能由其他不可控的环境因素引起的,诸如天气可以导致传感器阻塞等,称为随机误差,随机误差会对评估信息精度造成影响。关键信息元素估计的误差是完全随机的,例如,指挥员在裁定信息中,由于随机误差可能将传感器跟踪的驱逐舰误认为炮艇等。对于多元正态分布来说,设其协方差矩阵为 Σ,联合概率密度 $f(X_i(j))$ 反映了时间步长为 j 第 i 个簇关键信息元素的不确定性。假设簇中所有 C 个参数均可用,这里 $X_i(j) = [x_{i,1}(j), x_{i,2}(j), \cdots, x_{i,C}(j)]$ 为观察值向量。其估计值均值一定程度上反映其最佳估计,其中协方差反映了估计的随机误差。在多元正态分布中,有用信息量可用信息熵 $H(x_i(j)) = \lg|\Sigma|$ 来进行度量。

5.3.2 知识度量

知识是对簇 i 理解程度的度量,就随机偏差而言,熵和知识的关系是相反的,例如,熵增加,知识减少,式(5-8)和式(5-9)已经给出说明。这里以一需求供给的例子加以说明。

图 5-3 所示为某海军编队资源供给与需求的两种结构。在图 5-3(a)中,由于主决策节点可以决策,所以,自己可构成一个簇。主决策节点决定需求节点 1、2 对物资供应。需求节点 1、2 的物资库存水平为信息源,所以,对主决策节点来说,关键信息元素为需求量 $A = \{a_1, a_2\}$。

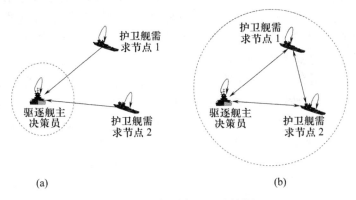

(a)　　　　　　　　　　(b)

图 5-3　某需求配置连接图

在图 5-3(b)中,主决策节点必须对需求节点 1、2 的需求做出反应,所有 3 个节点都是决策节点,并且它们需要相同的信息来制定决策——需求量 $A = \{a_1, a_2\}$。需求节点将其期望需求发送给主决策节点,同时,主决策节点根据总资源供给量和需求节点需求进行物资分配。总资源库存是来自两方面的信息,一是需求节点需求量,二是主决策节点可用的库存量。在这种情况下,可认为需求节点协作收益是通过考虑所有资源库存量的知识来满足其需求的,这样,网络就是一个由三决策节点构成的簇。

为简便起见,这里假设需求节点对资源需求信息服从正态分布。令 a_1 为节点 1 的需求量,a_2 为节点 2 的需求量,由此,关键信息元素集为 $A = \{a_1, a_2\}$。随着时间的推移,关键信息元素可描述为随机变量 $X = [x_1, x_2]^T$,信息元素的不确定性都服从均值为 μ 协方差为 Σ 的正态分布,即

$$\begin{cases} \boldsymbol{\mu} = [\mu_1, \mu_2]^T \\ \boldsymbol{\Sigma} = \begin{pmatrix} \sigma_1^2 & \rho_{1,2}\sigma_1\sigma_2 \\ \rho_{2,1}\sigma_1\sigma_2 & \sigma_2^2 \end{pmatrix} \end{cases} \quad (5-19)$$

每一个需求节点的需求是相关的,因此协作的效果依赖于相关系数 $\rho_{1,2}$,这里 $-1 \leq \rho_{1,2} \leq 1$。对于图 5-3(a),只有主决策节点进行决策,因而自己形成一个簇,网络由主决策节点和两个需求节点组成,需求节点间不协作。这里令 $\rho_{1,2}=0$ 表示不协作,每一个需求节点的需求量是独立的,这时协方差矩阵中非对角线元素为零。对于图 5-3(b),主决策节点和两个需求节点均为决策节点,且信息共享,所以 3 个决策节点构成簇。这时节点之间发生协作联系,可以认为需求节点协作收益是通过考虑所有资源库存量的知识,最终来满足其需求。令 $\rho_{1,2} \neq 0$,簇总信息熵为

$$H_C(X) = \lg|\boldsymbol{\Sigma}| = \lg(\sigma_1^2\sigma_2^2 - \sigma_1^2\sigma_2^2\rho_{1,2}^2) = \lg[\sigma_1^2\sigma_2^2(1-\rho_{1,2}^2)] \quad (5-20)$$

$H_C(X)$ 为协作情况下的熵。对于非协作情况,节点需求之间不发生关联,这时 $\rho_{1,2}=0$,将此代入式(5-20),得

$$H_{NC}(X) = \lg(\sigma_1^2\sigma_2^2) \quad (5-21)$$

这里 $H_{NC}(X)$ 为非协作情况下的熵。熵度量了概率分布的不确定程度,且 $H(X)$ 的值越小越好。如果不考虑参数 σ_1^2 和 σ_2^2 值的大小,当 $|\rho_{1,2}|$ 接近 1.0 时,$H(X)=0$,不确定性程度最小。如果定义 $\Delta H(X)$ 表示非协作与协作的熵的变化,则有

$$\Delta H(X) = H_C(X) - H_{NC}(X) = \lg(1-\rho_{1,2}^2) \quad (5-22)$$

为了将熵转化为知识描述得更加准确,需要建立一个在随机变量关联情况下的最大协方差,对于关键信息元素 $A=(a_1,a_2)$,由式(5-21),设其最大协方差矩阵的熵为

$$H_{\max}(a_1,a_2) = \lg(\sigma_{1,\max}^2\sigma_{2,\max}^2) \quad (5-23)$$

式中:$\sigma_{1,\max}^2\sigma_{2,\max}^2$ 为最大方差。

这样,可以用最大方差的熵来描述需求量知识水平。根据式(5-9),记 $K_C(X)$ 为协作情况下的知识熵,则有

$$K_C(X) = 1 - e^{-[\lg\sigma_{1,\max}^2\sigma_{2,\max}^2 - \lg\sigma_1^2\sigma_2^2(1-\rho_{1,2}^2)]} =$$
$$1 - \frac{\sigma_1^2\sigma_2^2(1-\rho_{1,2}^2)}{\sigma_{1,\max}^2\sigma_{2,\max}^2} \quad (5-24)$$

记 $K_{NC}(X)$ 为非协作情况下的知识熵，有

$$K_{NC}(X) = 1 - \frac{\sigma_1^2\sigma_2^2}{\sigma_{1,\max}^2\sigma_{2,\max}^2} \quad (5-25)$$

如果定义 $\Delta K(X)$ 表示协作与非协作变化，则有

$$\Delta K(X) = K_C(X) - K_{NC}(X) = \frac{\rho_{1,2}^2\sigma_1^2\sigma_2^2}{\sigma_{1,\max}^2\sigma_{2,\max}^2} \quad (5-26)$$

式(5-26)表明知识函数体现了信息元素 a_1,a_2 之间相互关联的累积，导致了知识的增长。上述给出的 $\sigma_{1\max},\sigma_{2\max},\sigma_1,\sigma_2,\rho_{12}$ 都是理想值。实际上，根据传感器等获取信息工具得到的是一组数据，即 $\hat{\sigma}_{1\max},\hat{\sigma}_{2\max},\hat{\sigma}_1,\hat{\sigma}_2,\hat{\rho}_{12}$ 估计值，这就需要对数据进行处理。

5.3.3 度量偏差方法

5.3.3.1 均方差(Mean Square Error, MSE)

一般来说，假定 a 是一个信息元素，它的值 X 是未知的，且服从 $f(X)$ 概率分布。

定义 5.6 如果用 μ 代表总体 X 的真实均值，估计值的偏差记为 b，即

$$b = E[\hat{\mu}] - \mu \quad (5-27)$$

式中：$\hat{\mu}$ 为基于连续报告信息对服从总体 X 的信息元素 a 均值的估计值。

由于标准差包含随机误差和系统误差，所以需要一个尺度规范这两方面的影响，这就是均方误差。无偏性是评价估计量的一种尺度，但不是唯一的标准。事实上，较为合理的标准应当是选取估计量 $\hat{\mu}$ 使得 $E[(\hat{\mu}-\mu)]^2$ 尽可能小。

定义 5.7 $\hat{\mu}$ 是未知参数 μ 的估计，称 $E[(\hat{\mu}-\mu)]^2$ 为估计量 $\hat{\mu}$ 的均方差，记为 r，即

$$r = E([\hat{\mu} - \mu]^2) = b^2 + \sigma^2 \qquad (5-28)$$

式中:σ^2 为总体 X 方差真值,b 为估计值的偏差。

若以均方误差 MSE 作为评选估计量的标准,那么均方误差较小的估计量较优。

5.3.3.2 标准差 $D(X)$

由于正态分布的先验分布为共轭分布族,其估计信息可通过图 5-4 描述。

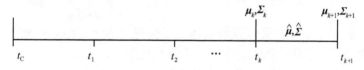

图 5-4 基于先验信息的均值和方差的计算

由图 5-4 可以看出,基于先验信息对均值和方差的估计是按照其加权平均得出的。这里将前 k 步的方差和均值与 $k+1$ 步的方差和均值的估计值进行加权平均,得出 $k+1$ 步的方差和均值。其估计公式为

$$\begin{cases} \boldsymbol{\mu}_{k+1} = \dfrac{\boldsymbol{\Sigma}_k}{(\boldsymbol{\Sigma}_k + \hat{\boldsymbol{\Sigma}})}\hat{\boldsymbol{\mu}} + \dfrac{\hat{\boldsymbol{\Sigma}}}{(\boldsymbol{\Sigma}_k + \hat{\boldsymbol{\Sigma}})}\boldsymbol{\mu}_k \\ \boldsymbol{\Sigma}_{k+1} = \boldsymbol{\Sigma}_k(\boldsymbol{\Sigma}_k + \hat{\boldsymbol{\Sigma}})^{-1}\hat{\boldsymbol{\Sigma}} \end{cases} \qquad (5-29)$$

式中:$\boldsymbol{\mu}_k,\boldsymbol{\Sigma}_k$ 为前 k 步的均值和方差;$\hat{\boldsymbol{\mu}},\hat{\boldsymbol{\Sigma}}$ 为 $k+1$ 步的均值和方差的估计值;$\boldsymbol{\mu}_{k+1},\boldsymbol{\Sigma}_{k+1}$ 为 $k+1$ 步的均值和方差。

这里仍然以海军编队对空防御为例,假设估计敌来袭巡航导弹的位置信息,需要连续的多批报告信息。每一批信息都使用基于先验信息的 Bayes 定理处理,以便更新对位置的估计。在这种情况下,需要用二元正态分布描述这种不确定性,其随机位置矢量为 $[x,y]^T$。在式(5-29)中,$\hat{\boldsymbol{\mu}}$ 是簇当前的估计值 $\hat{\boldsymbol{\mu}} = [\mu_x,\mu_y]^T$,将获取估计值的传感器、信息源和处理器产生的随机偏差记作 $\hat{\boldsymbol{\Sigma}}$。它可能是由于测量时传感器或信息源的目标位置偏差或现有环境状况所引起的。若 $\hat{\boldsymbol{\Sigma}}$ 较大,$\boldsymbol{\Sigma}_k(\boldsymbol{\Sigma}_k + \hat{\boldsymbol{\Sigma}})^{-1}$ 很小(接近于零),并且

$\hat{\Sigma}(\Sigma_k + \hat{\Sigma})^{-1}$ 几乎不变化。因此，当前获取报告信息对 μ_{k+1} 没有什么影响；若 $\hat{\Sigma}$ 较小，则正好相反。

如果已知目标的真实位置，就能利用这一事实来计算估计中的偏差。此时，目标的位置偏差是 Bayes 估计值和真值间偏差的 Euclidean（欧几里得）距离，即

$$b = \sqrt{(\mu_{k+1,x} - \mu_x)^2 + (\mu_{k+1,y} - \mu_y)^2} \quad (5-30)$$

式中：$\mu_{k+1,x}, \mu_{k+1,y}$ 为估计值；μ_x, μ_y 为真值。

类似 MSE，标准差被定义为

$$D(X) = b^2 + |\Sigma_{k+1}| \quad (5-31)$$

5.3.4 知识熵

标准差中 $|\Sigma_{k+1}|$ 需要通过多步的 Bayes 迭代才能完成，而均方差 $E([\hat{\mu} - \mu]^2) = b^2 + \sigma^2$ 中的 σ^2 为总体方差的真值，往往得不到，所以，要用 $D(X)$ 来替代。这样，知识熵为

$$K_M(X) = 1 - \frac{b^2 + |\Sigma_{t+1}|}{(b^2 + |\Sigma_{t+1}|)_{\max}} \quad (5-32)$$

式中：b 为偏差；$|\Sigma_{t+1}|$ 为方差的行列式值。

"最大化"的 MSE 是一个最大偏差和最大方差行列式值的组合，并且代表了不准确的最大值。因为偏差和方差是独立的，当两者都为最大时，有

$$(b^2 + |\Sigma_{t+1}|)_{\max} = b^2 + |\Sigma_{t+1}|_{\max} \quad (5-33)$$

5.3.5 信息质量与协同效果

以上分析了簇知识函数的表示方法，得出了式(5-32)，说明要增加簇知识，就要减少关键信息的偏差，提高信息的质量，下面介绍提高信息质量的几种方法。

5.3.5.1 信息质量度量

对信息质量的理解多种多样，存在一定的差异，目前还没有信

息质量的公认定义，通常的做法是根据其应用领域的不同进行解释。对于协同中的信息质量的理解，是指 C^4ISR 系统为作战网络提供信息的质量。例如，目标的位置、速度、类型、性质等。因此，囿于研究领域，将信息质量定义为：事物运动状态或存在方式不确定性的优劣程度。作为信息质量的构成体系，由于信息和质量的概念在不同的领域理解不同，信息质量指标体系的构成也有很多种。在美国国防部支持下，麻省理工学院展开了信息质量理论的研究，从多维度对信息质量进行了度量，包括精确性、可信性、相关性和及时性。本章针对关键信息元素的信息质量，强调目标的特性，这样，可将信息的完备性、准确性和时效性作为信息质量的指标。完备性是指在规定任务区域内，感知到来袭目标的关键信息元素的多少，这就是确定关键信息元素数量问题；准确性是指规定任务区域，战场感知态势中目标的特征与真实目标特性相吻合的程度，衡量准确性的标准是作战组织中关键信息元素的协方差；时效性是指在任务区域内，从发现目标到指挥员感知到敌方目标存在所需要的时间，是关键信息元素获取的新鲜度，所以时效性有时用新鲜度来替代。

5.3.5.2 最佳决策的信息模型

一个簇聚集的关键信息元素信息由一批或多批信息组成，这些信息对决策是至关重要的。由于时间的限制，需要更新信息。如果簇内接收信息没有在合适的时间被处理，那么这些信息将会在等待队列中以同样的速度老化。

新鲜度的概念是按照时限来考虑的，信息的新鲜度和信息驻留时间长短是相联系的；时限是在信息被需求且与环境有关时才发生作用的。新鲜度和时限两者都是信息和时间流逝的函数，信息速率随着时间在改变，信息越旧，质量越低。

在簇 i 内，对于关键信息元素 a_i，在时间段 j 内，估计值为 $x_{i,n}(j)$ 的最后报告时间记为 $t_{i,n}(j)$。如果簇 i 内的一个决策将必须在时间 $t_{i,n}(i)$ 发生，那么对此时信息元素的新鲜度的度量，可用

一个指数值来表示新鲜度的重要性,即

$$F_i(i,j) = [t_{i,n}(k) - t_{i,n}(j)]^\eta \quad (5-34)$$

式中:η 为参数,当 $\eta > 0$ 时,式(5-34)反映了在 j 期间信息元素 a_i 的新鲜程度。由于信息随时间消逝,这里将 $F_i(i,j)$ 标准化为

$$\Phi_i(j) = \left[\frac{t_{i,n}(i) - t_{i,n}(j)}{t_{i,n}(i) - t_{i,n}(0)}\right]^\eta \quad (5-35)$$

式中:η 为参数;$t_{i,n}(0)$ 为簇 i 中为决策进行信息收集的开始时间。

在簇 i 需要做出决策的时间内,从传感器和信息源对 a_i 的估计值报告信息是连续的,可通过随时间更新信息元素的值解释报告信息数据的老化过程,这里选择 Bayes 方法来更新估计值。

假设在时间 t 内,U 为信息元素 a 连续到达的信息数,其报告信息次数为 $\{(\hat{\mu}_1,\hat{\sigma}_1^2),(\hat{\mu}_2,\hat{\sigma}_2^2),\cdots,(\hat{\mu}_U,\hat{\sigma}_U^2)\}$,并在 t 时刻为决策制定提供支持。参数 $(\hat{\mu}_k,\hat{\sigma}_k^2)$ 是第 k 次报告信息的分布均值和方差的估计。在不考虑信息新鲜度变化的情况下,将式(5-29)以标量的形式表示,对于一维信息元素来说,则有

$$\begin{cases} \mu_{k+1} = \dfrac{\sigma_k^2 \hat{\mu}_k + \hat{\sigma}_k^2 \mu_k}{\sigma_k^2 + \hat{\sigma}_k^2} \\ \sigma_{k+1}^2 = \dfrac{\sigma_k^2 \hat{\sigma}_k^2}{\sigma_k^2 + \hat{\sigma}_k^2} \end{cases} \quad (5-36)$$

参数对 $(\hat{\mu}_0,\hat{\sigma}_0^2)$ 是 $t_{i,n}(0)$ 时刻的估计值。假设信息老化的效果使得评估更加不确定,因此,老化是估计参数的函数,可以用标准化的新鲜度 Φ_k 表示,其中,$0 \leq \Phi_k \leq 1$。信息报告越新,Φ_k 越小,反之越大。Φ_k 提出一个对当前模型的修改方法,即用来度量新鲜度 Φ_k 的估计效果,也就是说,用 $(1+\Phi_k)\hat{\sigma}_k^2$ 来替代方差估计值,有

$$\begin{cases} \mu_{k+1} = \dfrac{\sigma_k^2 \hat{\mu}_k + (1+\Phi_k)\hat{\sigma}_k^2 \mu_k}{\sigma_k^2 + (1+\Phi_k)\hat{\sigma}_k^2} \\ \sigma_{k+1}^2 = \dfrac{\sigma_k^2 (1+\Phi_k)\hat{\sigma}_k^2}{\sigma_k^2 + (1+\Phi_k)\hat{\sigma}_k^2} \end{cases} \quad (5-37)$$

在最佳情况下,新鲜度为 0(获得报告马上决策),新鲜度对信息报告的准确性没有影响。在最差情况下,新鲜度为 1,说明报告追

溯到信息收集之初,此时,信息报告的偏差将是最佳情况的两倍。

5.3.5.3 决策风险

信息对协同所作的贡献是度量簇内节点协同对知识和决策改进所做的贡献。对任意簇 i,在第 j 时间段中,获取关键信息元素数据的集合为 $x_i(j) = \{x_{i,1}(j), x_{i,2}(j), \cdots, x_{i,C}(j)\}$,该集合包含最大的关键信息元素数 C,C 个元素只有一个子集 $n(n \leq C)$ 在时间 t 时是可用的,例如,舰艇编队对来袭反舰导弹的发现,其目标的距离、方位、速度和类型为关键信息元素,实际上在某时刻可能只有前 3 个元素可得到。如果指挥员不能等待其他的报告信息,那么他将依赖不完全信息做出决策,假设关键信息元素值逐步丢失,那么簇 i 的完全信息值为

$$X_{i,t}(n) = \left[\frac{n}{C}\right]^{\xi} \quad (5-38)$$

式中:$n \leq C$;ξ 为风险系数。

实际情况中,指挥员在不完全信息条件下,充分依赖自己的经验等,在有限的时间内必须要做出决策。所以,ξ 反映了决策者对风险的态度。当 $\xi < 1$ 时曲线向下弯,反映了决策者对风险的厌恶。当 $\xi > 1$ 时,曲线向上弯,反映决策者对风险的偏爱;当 $\xi = 1$ 时,图像为直线,反映了决策者对风险的态度为风险中立。如图 5-5 所示。

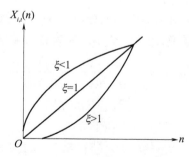

图 5-5 信息完全与决策的风险态度

通常情况下,信息越新,信息价值越大,这对于现在瞬息万变的作战中尤为重要。随着信息越来越完备,无疑减少了信息的标准差,提高了信息的质量,但是决策是有时间限制的,所以,在一定的时间内研究增加信息的完备性,减少信息的偏差是必要的。

5.3.5.4 基于信息完备性协同知识模型

协同效果的好坏与决策质量和决策时间有关,也与信息质量有关。理想情况下,拥有完全信息的决策最好,即 $X_t(n) = X_t(C) = 1$,这时 $K_M(X) = 1$,这种理想状况很少或者根本不可能。因此,需要一种方法度量信息标准差和完备性对知识的贡献。

用 $(b^2 + \sigma^2)/X_t(n)$ 来替换 MSE,当 $X_t(n) \to 1$ 时,它的比率正好是 MSE,并且当 $X_t(n) \to 0$ 时,它为无穷大,这充分说明了没有信息也就没有知识的道理。然而应用该计算方法作为最低约束是不现实的,因为对所有的 n 值,它将使比率 $\dfrac{b^2 + \sigma^2}{X_t(n)} \Big/ \dfrac{(b^2 + \sigma^2)_{\max}}{[X_t(n)]_{\max}}$ 为无穷大。为避免这种情况,令 $X_t(1) = C^{-\xi}$ 为最差状况。因此,联合熵最大约束为

$$\frac{b_{\max}^2 + \sigma_{\max}^2}{C^{-\xi}} = C^{\xi}(b_{\max}^2 + \sigma_{\max}^2) \quad (5-39)$$

式中:C 为关键信息元素数;ξ 为系数。

当关键信息元素的数量很大时,式(5-39)可以增加 MSE 的最大值,当 $C = 1$ 时,式(5-39)对于计算当前熵和最大熵将不会有影响。如果记 $K_\phi(X)$ 为基于信息的标准差和完备性的簇知识,则有

$$K_\phi(X) = 1 - e^{-[H_{\phi,\max}(X) - H_\phi(X)]} \quad (5-40)$$

式中:$H_{\phi,\max}(X)$ 为 $C^\xi(b_{\max}^2 + \sigma_{\max}^2)$ 替换 MSE 计算的最大熵;$H_\phi(X)$ 为以 $\dfrac{b^2 + \sigma^2}{X_t(n)} = \left[\dfrac{C}{n}\right]^\xi (b^2 + \sigma^2)$ 来替换 MSE。

经计算,考虑信息完备性时,得

$$K_\phi(X) = 1 - \frac{b^2 + \sigma^2}{n^\xi(b_{\max}^2 + \sigma_{\max}^2)} \quad (5-41)$$

当 $n=C$ 时越来越多的信息被报告,此时知识随之增加。对于多元正态分布情况,考虑标准差的估计值,知识可表示为

$$K_\phi(X) = 1 - \frac{b^2 + |\boldsymbol{\Sigma}_{t+1}|}{n^\xi(b_{\max}^2 + |\boldsymbol{\Sigma}_{t+1}|_{\max})} \quad (5-42)$$

式(5-42)为基于信息质量的协同效果模型。对于具体的问题,将式(5-42)具体化,并根据决策节点有无关联的情况可以计算出协作与不协作的效果。这里从簇内每个信息元素的偏差、随机误差和标准差进行分析,同时考虑信息老化、时间、信息更新,解决了在一定时间限制内提高决策质量的问题,从而获得簇中决策节点之间关于知识的协作效果。在大部分情况下,由于接收和处理信息报告的数量和质量随着时间而改变,所以这些影响效果是动态的。

5.4 案例研究

5.4.1 背景及作战过程

本章的案例以某海上协同反导为背景,根据本章研究涉及的理论和某编队协同执行作战任务的需要进行设计的。假定某海战中,红方以某驱逐舰 4 为旗舰,以护卫舰 1、2、3 为作战群的水面舰艇组成编队,案例示意图如图 5-6 所示。

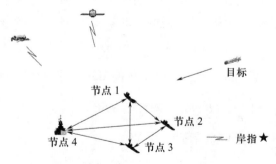

图 5-6 海军编队协同作战构成

编队在执行巡逻任务的过程中,遭到来自敌方反舰巡航导弹的攻击,编队在上级的指挥下,以编队驱逐舰为主决策节点,联合3艘护卫舰,对来袭的反舰巡航导弹进行拦截。本案例重点研究"有"或"无"协同对资源分配的效果[7]。

5.4.2 模型的建立

5.4.2.1 步骤

建立该模型的主要步骤如下:

(1)分析"有"或"无"协同情况下资源需求和供给结构,找出作战单元资源需求中的关键信息元素。

(2)建立基于关键信息元素不确定性的信息熵模型。

(3)根据熵描述需求量的知识水平,建立协同与非协同情况下知识度量模型。

(4)分析知识度量模型的参数,分析偏差和标准差之间的关系,用标准差替代均方误差,从而减小均方误差,降低信息熵。

(5)分析信息的完备性,针对信息老化问题,提出及时更新信息来提高信息质量,研究协同与非协同效果模型。

5.4.2.2 信息熵和知识模型

编队对空防御作战与编队各个作战单元空间分布和携带的武器装备的数量有直接的关系(编队内信息流结构随着假定条件已确定,这里不作研究)。某一护卫舰距离目标的位置是一个最佳拦截位置,但是对于同一方向来的反舰巡航导弹的拦截,如果连续进行拦截,则必然导致自身作战资源的匮乏,最终失去生存能力。通过对图 5-6 的分析,可以确定编队关键信息元素为火力资源需求 $A = \{a_1, a_2, a_3\}$。

假设护卫舰节点随着对敌方反舰巡航导弹拦截的进行,对资源需求信息服从正态分布。每个值被描述为 $\boldsymbol{x} = [x_1, x_2, x_3]^T$,其服从三元正态分布,其均值和方差分别为

$$\begin{cases} \boldsymbol{\mu} = [\mu_1, \mu_2, \mu_3]^T \\ \boldsymbol{\Sigma} = \begin{bmatrix} \sigma_1^2 & \rho_{12}\sigma_1\sigma_2 & \rho_{13}\sigma_1\sigma_3 \\ \rho_{21}\sigma_1\sigma_2 & \sigma_2^2 & \rho_{23}\sigma_2\sigma_3 \\ \rho_{31}\sigma_1\sigma_3 & \rho_{32}\sigma_2\sigma_3 & \sigma_3^2 \end{bmatrix} \end{cases} \quad (5-43)$$

式中:ρ_{12} 和 ρ_{21} 为需求节点 1 和 2 的关联系数,并且 $\rho_{12} = \rho_{21}$。同理 ρ_{23} 和 ρ_{32} 为需求节点 2 和节点 3 的关联系数,且 $\rho_{23} = \rho_{32}$;ρ_{13} 和 ρ_{31} 为需求节点 2 和节点 3 的关联系数,且 $\rho_{13} = \rho_{31}$。

根据信息熵有关知识,考虑关联系数、Bayes 估计、最大协方差、标准差、风险系数以及信息新鲜度等,得出其知识熵模型。

本案例中,认为信息的新鲜度最好,即 $\Phi_i(j) = 1$。根据式(5-39)~式(5-42),得协同效果模型为

$$\begin{cases} K_{\phi NC}(X) = 1 - \dfrac{b^2 + \sigma_{t+1,1}^2 \sigma_{t+1,2}^2 \sigma_{t+1,3}^2}{3^\xi (b_{\max}^2 + \sigma_{t+1,1,\max}^2 \sigma_{t+1,2,\max}^2, \sigma_{t+1,3,\max}^2)} \\ K_{\phi C}(X) = 1 - \dfrac{b^2 + \sigma_{t+1,1}^2 \sigma_{t+1,2}^2 \sigma_{t+1,3}^2 (1 - \rho_{t+1,12}^2 - \rho_{t+1,23}^2 - \rho_{t+1,31}^2 + 2\rho_{t+1,12}\rho_{t+1,23}\rho_{t+1,31})}{3^\xi (b_{\max}^2 + \sigma_{t+1,1,\max}^2 \sigma_{t+1,2,\max}^2, \sigma_{t+1,3,\max}^2)} \\ \Delta K_\phi = K_{\phi C}(X) - K_{\phi NC}(X) = \\ \dfrac{\sigma_{t+1,1}^2 \sigma_{t+1,2}^2 \sigma_{t+1,3}^2 (\rho_{t+1,12}^2 + \rho_{t+1,23}^2 + \rho_{t+1,31}^2 - 2\rho_{t+1,12}\rho_{t+1,23}\rho_{t+1,31})}{3^\xi (b_{\max}^2 + \sigma_{t+1,1,\max}^2 \sigma_{t+1,2,\max}^2 \sigma_{t+1,3,\max}^2)} \end{cases}$$

$$(5-44)$$

式中:参数含义可参考 5.3 节内容;n 为关键信息元素数,$n = 3$;ξ 为决策的风险系数,$0 \leqslant \xi \leqslant 1$。

5.4.3 仿真设计及数据来源

5.4.3.1 仿真设计

传统的现成的验证试验床很多。这里为了定量验证基于知识熵协同效果的有效性,根据前面的分析和建模,主要对有无协同的决策效果进行了仿真验证,仿真设计如图 5-7 所示。

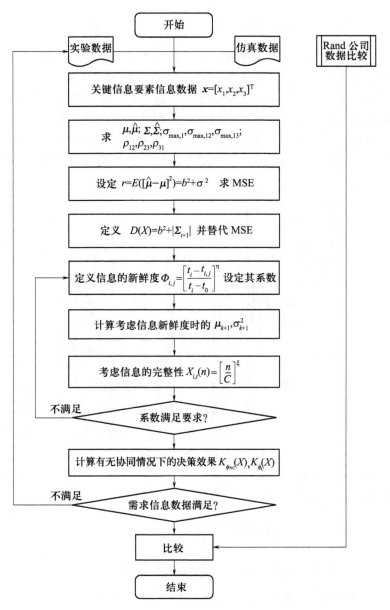

图 5-7 协同效果仿真设计图

5.4.3.2 数据的来源

本案例数据主要指作战单元决策节点之间在给定时间内数据链传输的数据。为了更好地刻画模型的结果,数据来源主要为节点需求量的仿真数据。这里给出3个节点对作战资源的需求的数据分别为期望值为 8,12,17 的正态分布,为了保证该期望值条件下方差的稳定性,案例以 2000 个数据为一组样本。图 5-8 所示为期望值为 8 抽取的 200 个数据的情况。对于期望值为 12 和 17 也类似。

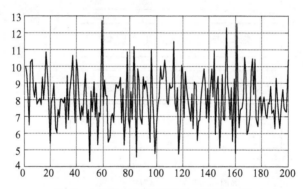

图 5-8 节点 1 期望值为 8 的分布图

在模型式(5-44)中,偏差 b 是样本估计值的数学期望和真值的差,我们将 2000 个数据为 1 组,每组分为 20 个小组,即每小组 100 个数据。然后根据基于先验信息公式进行迭代,得出第 20 组的均值和方差。其中偏差 $b_1, b_2, b_3, \cdots, b_{20}$ 为每组中 $E(\hat{\mu}) - \mu$ 的值,$b_{max} = \max(b_1, b_2, b_3, \cdots, b_{20})$。

5.4.4 结果及分析

5.4.4.1 风险系数和协同效果的关系

根据数学模型 ΔK_ϕ,由于案例中关键信息元素为 $n=3$,b_{max} 是一个样本均值的估计值和真值之间的差,其值理论上应该小于方差,并且 b_{max} 是处于分母的位置,其值对协同知识函数影响较小,所以,这里取 0~3 之间其中的一个数 $b_{max}=1$。由于 $0 \leq \xi \leq 1$,且其值反映了决策指挥员对风险的态度,所以,这里分别取 $\xi = (0.1, 0.2, \cdots, 1)$,仿真的 10 组数据所得出的协同知识函数的增加值如图 5-9 所示。

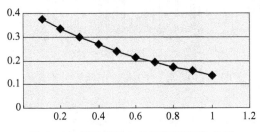

图 5-9 风险系数与协同知识函数关系

由图 5-9 可以看出,当决策指挥员选择风险函数越来越大时,其协同带来的知识函数增加逐渐减小。然而,风险是决策人员决策的态度,风险越小,所需要的时间越长,这对于作战的决策来说是不允许的。因此,尽管从图像上看,风险系数与知识函数成反比,但是考虑决策的时间因素,指挥员要适当把握时机,提高决策的质量和知识效果。

5.4.4.2 均值估计值的期望与真值之间差的最大值对知识函数的影响

b_{max} 为每组里均值估计值的期望 $E(\hat{\mu})$ 与真值之间的差的最大值,它在某种程度上也影响决策知识函数。当 $b = E(\hat{\mu}) - \mu = 0$,则该估计为无偏估计;当 $b \neq 0$ 为有偏估计。下面给出 20 组数据中 $b_{max} \in (0, 3)$ 时决策知识函数的值,如图 5-10 所示。

由图 5-10 可知,当 b_{max} 在 0~3 作战单位进行变化时,协同带来的知识函数的变化几乎不变(0.1210~0.1413),也就是说,b_{max} 对知识函数的变化不敏感。

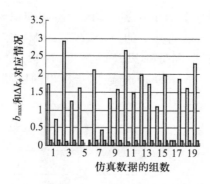

图 5-10 b_{max} 与决策知识函数的关系

5.4.4.3 关联系数和知识的关系

在决策对应的簇里,决策节点之间信息共享,关键信息元素之间的关联减少了信息的偏差,当信息的新鲜度保持一定时,该关联的程度直接影响协同的质量,进而影响其知识函数的大小。这里可给出风险系数为 $\xi=1$, $b_{max}=2$ 条件下,模拟 10 组不同关联系数,关联系数对协同的知识函数变化值如表 5-3 所列。

由表 5-3 可知,关联系数与决策节点相关,且直接影响协同知识的增长。节点 1,2,3 之间对资源的需求在相互关联条件下增加了驱逐舰指挥员决策的知识,提高了决策质量。

5.4.4.4 协同与非协同对知识函数的影响

协同与非协同对效果的影响是本案例的一个重要内容。这里将仿真 10 组数据,每组 2000 个数,并且服从 $X\sim(\mu,\sigma^2)$ 的正态分布。循环后再做平均,求出非协同与协同情况下决策簇中的知识函数 $K_{\phi NC}$ 和 $K_{\phi C}$ 的大小,并求出其增量的百分比 $(\Delta K_\phi/K_{\phi NC})\times 100\%$。根据仿真的数据结果,得出的值如表 5-4 所列。

从表 5-4 可以看出,当有协同情况下,协同的知识效果平均增加 15.83%。由于样本的随机性影响,导致了个别数据的摆动,但是其总的趋势是协同比不协同要好。协同的增长率如图 5-11 所示。

表 5-3 关联系数对协同知识的变化

组数 对应值	1	2	3	4	5	6	7	8	9	10
ρ_{12}	0.9473	0.8993	0.9228	0.9351	0.8782	0.8963	0.9269	0.8868	0.9095	0.9511
ρ_{23}	0.7904	0.7447	0.761	0.7327	0.7182	0.7509	0.7678	0.7765	0.7021	0.7736
ρ_{31}	0.749	0.6745	0.7081	0.6767	0.6309	0.6674	0.7162	0.6933	0.6405	0.7312
Δk_ϕ	0.1446	0.211	0.1884	0.0668	0.1022	0.1359	0.0725	0.0634	0.1801	0.1453

表 5-4 协同与非协同情况下决策效果

组数 效果	1	2	3	4	5	6	7	8	9	10
$K_{\phi NC}$	0.8435	0.7633	0.793	0.923	0.879	0.8453	0.917	0.9247	0.7966	0.8429
$K_{\phi C}$	0.9882	0.9743	0.9814	0.9898	0.9812	0.9812	0.9895	0.9881	0.9766	0.9882
ΔK_ϕ	0.1446	0.211	0.1884	0.0668	0.1022	0.1359	0.0725	0.0634	0.1801	0.1453
$(\Delta K_\phi / K_{\phi NC}) \times 100\%$	17.14	27.64	23.76	7.18	11.63	16.08	7.91	6.86	22.61	17.24

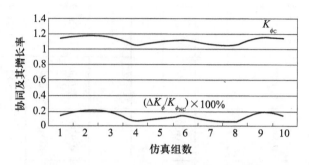

图 5-11 协同知识增长率随协同情况变化

由图 5-11 可知,当有协同时,其决策簇的知识增加了,这样从另一方面就是增加了决策的知识,说明了协同比非协同要好。

5.4.5 两种仿真结果的比较

为了进一步说明网络情况下协同的效果要优于非协同的效果的程度,下面对照 2005 年美国 RAND 公司研究的"网络中心战的案例——有无 16 号数据链支持条件下的空空交战"结果,做进一步分析。

美国国防部在联合战术分布式信息系统(Joint Tactical Information Distribution System,JTIDS)特种作战项目研究中发现,当装备 16 号数据链时空空交战的战斗机比只装备话音通信设备时作战效果大大提高。该项目被作为网络中心战"中心"假说的"确凿证据",即健壮的网络化部队充分利用其网络能力和所拥有的属性能产生附加的作战力量。该报告中,假设红蓝双方各有作战飞机 4 架(其中红方飞机代号为 1,2,3,4;蓝方的飞机为 11,12,13,14),其中蓝方的预警飞机和作战飞机之间具有 16 号数据链的信息支持,如图 5-12 所示。

图中交战的主要部分被认为主要影响最终结果,由于蓝方战斗机有机会用机动来获取极高的位置优势来与红方战斗机直接交战。其中预警机和战斗机装备有扫描范围覆盖整个战场的雷达。其中的两架战斗机(蓝 11 与蓝 12)装备有锁定两架红方战斗机

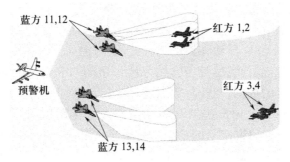

图 5-12 红蓝双方的作战态势分析

(红 1 和红 2)的雷达。两架红方雷达(红 3 与红 4)距离在所有蓝方战斗机雷达的探测范围之外,非常接近战场的边缘但很快就能到达它们的攻击位置,且它们可被 AWACS 探测到。

该仿真的"空空作战的解析模型",从个体信息质量、特殊指标(服务质量、网络安全以及灵敏度)、信息共享能力度、单个信息质量、共享信息度、个体感知质量、个体决策质量 7 个方面,仿真有或无 16 号数据链支持条件下的飞行员处理(任务能力包)的能力。这里给出个体信息质量的总体 MCP 指标值[7-8],如表 5-5 所列。

表 5-5 总体 MCP 指标值

内容 结果	个体信息质量	特殊指标	信息共享能力度	单个信息质量	共享信息度	个体感知质量	个体决策质量
话音	0.28	0.16	0.08	0.4	0.15	0.45	0.2
数据链	0.28	0.74	1	0.91	1	0.91	1

由表 5-5 可以看出,有数据链支持条件下,7 个方面的总体任务能力包(Mission Capability Package,MCP)的能力都得到了提高,其中从决策而言,协同的质量提高了 5 倍。另外仿真的结果表明有无 16 号数据链条件下,蓝方完成使命效能的 MCP 的能力指标从话音条件下的 0.38 提高到 1。

上述报告中的仿真模型的数据是通过实验和实战得出的,16

号数据链的网络能力大大提高了信息的质量和信息分发能力,使个体共享信息能力增加,也足以说明数据链使得各作战单元信息共享。节点关联,导致知识的增长,极大地提高了整体作战水平。

通过对比表明,尽管仿真结果验证协同与非协同效果的数据是基于仿真的数据,与实际数据有一定的差距,但是美军改革办公室及由 RAND 公司发起的网络和信息综合化助理国防部长办公室承担了一项研究结果的结论就是信息共享条件下使决策节点的个体决策质量得到了提高。由此可以得出,信息共享条件下提高了簇的决策质量,协同效果大大优于非协同效果。

参 考 文 献

[1] Rand Crop. Information Sharing Among Military Headquarters the Effects on Decision-making[R]. June, 2004.

[2] 言茂松. 贝叶斯风险决策工程[M]. 北京:清华大学出版社,1987.

[3] Shapley L S. A Value for N-person Game[A]//Kuhn H,Tucker A W eds. Contribution to the theory of Games[M]. 2nd ed. Princeton: Princeton University Press,1953: 307 – 317.

[4] Kullback S. Information Theory and Statistics[M]. Gloucester,Mass. :PeterSmith,1978.

[5] 李敏勇,张建昌. 新指挥控制原理[J]. 情报指挥控制系统与仿真技术,2004,26(1):1 – 10.

[6] 卜先锦,指控单元战术协同效果分析、建模与应用[D]. 长沙:国防科技大学, 2006.

[7] Network-Centric Operations Case Study: Air-to-Air Combat With and Without Link 16 [EB/OL]. http://www.rand.org.

[8] Daniel Gonzales, et al. Network-centric Operations Case Study:The Stryker Brigade Combat Team[R]. Published 2005 by the RAND Corp.

第6章 作战组织网络协作模型

信息优势是敌我双方取得制信息权的结果,信息优势最终要通过决策优势转化为火力优势。评价信息质量的指标,即信息的完备性、准确性和时效性是与作战网络是分不开的。只有将信息优势能力和信息依赖的作战网络两者结合起来,才能够充分体现决策效果,进而提高作战组织作战效果。

海军舰艇编队在执行海上反潜、防空、反舰等任务中,决策效果需要通过作战网络中节点的协作来体现。作战网络涉及多个作战平台和多个决策节点,这些节点根据指挥关系和兵力编成构成一定的组织结构,并由编队指控系统统一进行指挥和管理。如果信息传输途经多个节点,则这些分布式节点便构成了平行和垂直交叉的复杂网络。本章将着重研究作战组织网络特性对信息优势形成的影响,建立网络协作模型,并对模型进行仿真验证。

6.1 作战组织与网络复杂性

6.1.1 作战组织网络的复杂性

对于复杂网络,人们并不陌生,万维网就是一个复杂网络。人们研究复杂网络的目的就是试图了解它的效果和特性。实际上,所有网络均存在复杂性的问题,只是复杂程度的难易和多少而已,了解复杂性的难点在于了解复杂度的性质、效果和如何量化,对网络难易程度的度量便形成了复杂度的概念。人们对于"复杂"的认识总是倾向于一种负面的理解,一提到"复杂"就认为不好。其实,对于作战组织网络的复杂性,具有积极和消极两方面的效应,为了避免"复杂度"的负面效应,Murray Cell-Mann 在描述网络底层结构对部队作战效果影响,提出用术语"Plecticity"来描述复杂的含义,将"复杂"定义为一个中性意义的词。该定义为:一组执行者(决策主体或节点)通过它们之间彼此连接而进行协作的能力称为"Plecticity",可简单译为"网络节点的协作能力"[1]。

网络本身是一个系统。当系统越变越大、越变越复杂时,系统的表现偏离系统组成成分的表现,例如,系统的"涌现"和"突变"行为的产生。目前,对于系统复杂性可用复杂度来进行描述和定义,主要有两种观点:一种是 Kolmgorov 在 1965 年提出的"一个物体的复杂度是描述这个物体使用的最短二进制编码程序",该描述最早被用于医学研究中评定生物系统的复杂度。按照这种定义方式,复杂度非常近似于 Shannon 早期对"熵"概念。另一种复杂度被定义为系统规律性或者描述语法长度和 Bennett 逻辑长度,其复杂度计算贯穿从系统描述到自我复制能力的全过程。

除了上述试图定性定义复杂度的概念以外,也有一些描述定量方法的定义。如 Sole 和 Luque 提出的基于随机非线性物理系统的复杂性度量,即系统的熵、状态数量、子系统间的相互作用[2]。当然,复杂度的定量化描述远远不止这些。

6.1.2 作战网络的协作结构

为了描述信息能力发挥所依赖的作战网络组织,以便能够提高网络组织决策节点决策带来的整体作战效果,这里将引入簇的概念,对作战组织构成的网络结构进行定义。

指控网络中的簇为多个决策节点进行协作提供了空间。通过信息共享,决策依赖关键信息元素的标准差和偏差得到了有效度量,同时,由认知导致的不同指挥员对关键信息元素的理解产生了关联,这种关联聚集的信息优势,起到协同决策的作用,对提高指挥控制网络的整体效果产生积极影响。

在作战组织形成的网络中,簇为不同指挥员之间的协同决策提供结构支持,也为协同决策提供理论和技术支撑。

图6-1是一个简单的决策节点构成的网络,该网络是由相互关联的节点构成的。每一个节点包含了指挥员和信息源。指挥员是作战单元的决策者;信息源来自指挥员观察、传感器或其他情报。决策就是建立作战节点的可用信息和节点间的关联基础之上。可用信息决定了信息数量,节点间的关联提高了信息和决策质量。

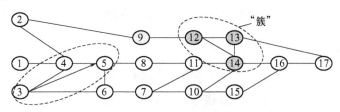

图6-1 指挥控制网络中决策节点簇

如果将簇内拥有的关键信息元素的多少作为衡量簇大小的标志,那么其大小将由选择作战组织的任务、编成方式和分割规划方式所决定。作战组织任务、编成方式要求网络节点按照事先的完成任务、编制、火力配置等进行适当的组合,这种组合很大程度上取决于一般的作战规律和指挥员的作战经验。分割规划将网络按照节点所拥有关键信息知识及理解的不确定性进行类聚,并将类聚节点的熵作为衡量是否构成簇的标准和条件,对所有节点在特定环境下可能分割的簇进行计算是一件复杂的事情[3-4]。

6.2 网络协作度及模型

6.2.1 协作能力和信息获取能力

6.2.1.1 协作能力

同样的信息在不同的网络中流动,其形成优势能力是不一样的。所以,研究网络本身的特性显得更为重要。协作能力是作战网络组织中的一组执行者通过相互连接实施相互作用的能力集合,这种度量不仅将单个的决策节点的决策行为加到网络中,而且将网络中决策节点的相互耦合加到网络中,从而影响网络的性能。当节点相互连接时:一方面,网络能从耦合中获得益处;另一方面,网络也会为此付出一定的代价。这种代价主要是指节点在不断地传输信息和不断地收集网络信息而导致网络冗余和节点阻塞时网络付出的代价。所以,衡量协作能力的尺度应该考虑网络节点本身的能力获得的益处和付出的代价两个方面。

6.2.1.2 信息获取能力

网络组织必须为决策者提供获取辅助决策信息。由于网络节点可达性与信息完备性直接相关,因而,无论信息是从传感器源还是通过其他渠道获取,信息获取能力对网络性能是一个重要的检验尺度。网络中衡量信息(关键信息元素)获取能力有两种方法。

(1)比例法,就是用一种简单的比例形式表示,即{可需求信息量或信息元素数}/{总需求信息量或信息元素数}。该方法没有对获取的信息元素进行评估,当然,也可用{获取关键信息量或信息元素数的期望}/{通过网络中总信息量或信息元素数的期望}来表示。该方法考虑所需信息的不确定性,需要对给定信息在信息源与目标点之间连接强度进行评估。

对于信息元素 a_l,如果信息源和决策节点连接时的连接度为 $k_l(0 \leq k_l \leq 1)$,那么可得到网络连接度值 $k \leq n$,n 是关键信息元素的个数,当且仅当网络中节点距离可以忽略且连接度很强时等式成立。这种情况下,可得到总连接度与信息元素连接度 k_l 的函数关系 $k = f(k_l)$。

(2)用信息在网络中传播时付出的代价,即信息通过网络沿所需路径到达簇中决策节点(目标点)所付出的代价衡量。对于一个网络,某信息从信息源流到簇中决策节点是一条有"代价"的路径,通过该路径传播,如果其付出代价比其他路径低,则可达性增加。信息从信息源传播到簇中决策节点的代价越大,对于决策节点来说,获取信息程度就小。

6.2.2 网络连接度

6.2.2.1 网络连接度模型

网络连接的最大特征值和特征向量反映了网络的特性,而特征值是一种衡量网络连接距离的量。所以,距离函数是描述网络性能的有效函数。由于节点和连接包含了路径的长度,因而要考虑网络中在每条路径上每个节点的连接能力。

定义6.1 连接度。对于网络中信息元素 a_l,信息源到目标节点之间的最短路径为 $d_l(d_l \geq 1)$,d_l 表示信息元素 a_l 从信息源点到目标节点路径的长度,记连接度为 k_l,则有

$$k_l = \frac{1}{d_l^{w_l}} \qquad (6-1)$$

式中:k_l 为连接度,具有距离属性,反映了最短路径 d_l 的重要性;$w_l(w_l \geq 1)$ 反映 a_l 的重要程度。

假定两节点连接无代价付出,即连接点直接连接,则 $d_l = 1$,$k_l = 1$。假如 a_l 和目的地之间没有可用路径,则 $d_l \to \infty$,$k_l = 0$。

计算一条路径连接度时,涉及所有节点,这就要考虑连接失败的情况。这里可通过某一时刻在给定路径上的损失任意节点来进行检验。假设某最短路径上有 r_l 个节点,并假设在该路径上有节点丢失。这里定义值 $^j k_l$ 作为信息元素 a_l 沿 j 条路径移出节点(损失)时的连接度;定义 L_l 为损失向量,它是移出任意节点的损失,$L_l = [l_{l1}, l_{l2}, \cdots, l_{lj}, \cdots, l_{lr_l}]$;$r_l$ 为从信息源发送信息 a_l 到目标点上最短路径的节点数,有

$$l_{lj} = k_l - {}^j k_l \qquad (6-2)$$

式中:l_{lj} 为有损失情况下重新获取信息元素 a_l 连接度的损失。

可选择一个向量表示

$$\|L_l\| = \sqrt{L_l^T L_l} \qquad (6-3)$$

式中:$\|L_l\|$ 为向量的大小,为最短路径下损耗的大小。若 $\|L_l\|$

大,意味着节点从最短路径移出的损耗大,也表明网络采用该最短路径连接是脆弱的;相反,若$\|\boldsymbol{L}_l\|$小,表明最短路径强健。考虑上述连接损失,则有

$$k_l^* = k_l \left[1 - \frac{\|\boldsymbol{L}_l\|}{|\boldsymbol{L}_l|}\right]^{\frac{1}{\lambda}} \qquad (6-4)$$

式中:$|\boldsymbol{L}_l|$为向量$\boldsymbol{L}_l$的数量;λ为网络边界扩展参数($0 < \lambda \leq 1$),它反映了整个网络的可靠性。

从单个节点到簇节点的转变考虑,λ是一个反映网络簇特性的系数,例如,Watts用簇系数作为描述小型网络特征的一部分。

网络可靠性取决于网络中节点的连接。当网络中所有节点彼此相互连接,这种网络称为完全网络,这时$\lambda = 1$,如簇是一个小型完全网络。当$\lambda \to 1$时,表明在网络上连接路径多,因而网络具有较高可靠性。λ的计算是通过移去节点以及节点和网络其他部分的连接实现的。

定义6.2 对于一个由多个节点构成的网络,令U是V的子集,$|U|$和$|V|$分别是U和V的节点数,令$E \subseteq V \times V$是V的边界集。则对于V中的一个给定节点v,相邻的点为$u(v, u \in V)$,有v的邻域$\Gamma(v) = \{u \in V; (v, u) \in E\}$。

定义6.3 对于簇U,U的邻域为$\Gamma(U) = \bigcup_{v \in U} \Gamma(v)$。簇$U$的邻域减去实际簇$U$中的节点称为簇$U$的边界,即$\Delta U = \Gamma(U) - U$。

考虑到所有簇都在网络内,边界扩张参数λ通过簇的边界与$|U|$的比值求得。一般情况下,作战网络组织中,簇达到整个网络的1/2时,就满足作战需求。因此,有

$$\lambda = \min\left\{\frac{|\Delta U|}{|U|} : U \subset V; 0 < |U| \leq \frac{|V|}{2}\right\} \qquad (6-5)$$

6.2.2.2 网络连接度的计算

根据上述的模型,可设计算法,其计算框图如图6-2所示。

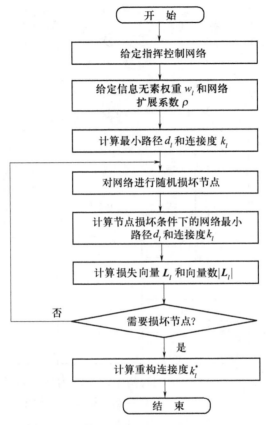

图 6-2 连接度计算框图

关键信息的来源往往不止一个，可能存在多个，所以，研究网络连接度的计算要考虑到多信息源的情况。

1. 对于单信息源网络

图 6-3 所示为 3 种简单情况，它们是网络的一部分，下面求阴影节点间的连接度以及损失情况。

假设 $w_l = 1, \lambda = 0.5$，图 6-3(a) 分别移去节点 1 和节点 5，图 6-3(b) 和图 6-3(c) 均分别移去节点 1 和节点 3。计算结果如表 6-1 所列。

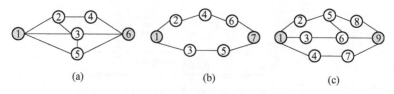

图 6-3 3 种简单网络连接

表 6-1 单信息源网络连接度

情况	参数	d_l	k_l	L_l	$\|L_l\|$	k_l^*
(a)	原网络	2	0.5	[0.5, 0]	0.5	0.281
	移节点 1	∞	0			
	移节点 5	2	0.5			
(b)	原网络	3	0.333	[0.333, 0.083]	0.334	0.260
	移节点 1	∞	0			
	移节点 3	3	0.25			
(c)	原网络	3	0.333	[0.333, 0]	0.333	0.304
	移节点 1	∞	0			
	移节点 3	3	0.333			

通过计算,在图 6-3(a)中,初始连接度为 0.5,移出节点 1 导致连接度完全丢失,$^ik_l = 0$,$l_{ij} = k_l - ^jk_l = k_l = 0.5$,移除节点 5,存在 1-3-5 可替代的等长路径,$^ik_l = 0.5$,$l_{ij} = k_l - ^jk_l = 0$,无连接度损失;在图(b)中,移出节点 1 的结果与图(a)相同,但移出节点 3,连接度为 0.25,损失 0.083;在图(c)中,移除节点 3,连接度仍为 0.333,损失为 0,因为存在 1-4-7-9 替换路径。

2. 对于多信息源网络

实际中,对于多个信息源的连接,这种情况下仍然可以用上述公式进行计算。图 6-4 所示为有 3 个节点源的网络,这里分两种情况考虑 3 次节点损失。

在 6-4(a)中,原最短路径是 3-8-10-11。假如节点 3 被取消,则最短路径有 4 个连接,2-5-7-10-11 或 1-4-6-9-

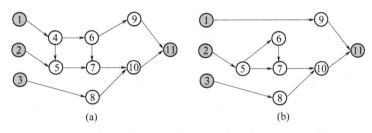

图 6-4 有 3 个信息源网络

11;假如节点 8 被取消,则最短路径也为 4 个连接,2-5-7-10-11 或 1-4-6-9-11,产生了一个损耗向量,反映了对每两个节点之间连接有损失;假如节点 7 被取消,则短路径仍是从 3-8-10-11,无损耗向量。对于图(b),同样,分别去掉节点 3、8 和 7,但节点 9 和 11 间提供了替代路径即 1-9-11,路经长度与原路径一样,这就意味着没有连接度损失。结果如表 6-2 所列。

表 6-2 多信息源网络连接度

情况 参数		d_l	k_l	L_l	$\|L_l\|$	$|L|$	k_l^*
1	原网络	3	0.333	[0.083, 0.083, 0]	0.117	3	0.307
	移节点 3	4	0.25				
	移节点 8	4	0.25				
	移节点 7	3	0.333				
2	原网络	2	0.5	[0, 0, 0]	0	3	0.5
	移节点 3	2	0.5				
	移节点 8	2	0.5				
	移节点 7	2	0.5				

如果在全连通网络中,这些信息元素对每个簇中连接度的是有贡献的,其最大的贡献在于增加了网络的最大特征值,提高了网络的适应性和鲁棒性。考虑到网络中所有信息数的可达性,记 $X(k)$ 为反映信息通过一定路径到达目标节点可达程度的量($0 < X(k) < 1$),假定所有信息元素都是一样重要,则有

$$X(k) = \begin{cases} \left(\dfrac{k}{C}\right)^{\xi} & (C \neq 0) \\ 1 & (C = 0) \end{cases} \quad (6-6)$$

式中：$k = \sum_{l=1}^{C} k_l^*$；C 为网络中关键信息的总数；ξ 为风险系数。

对于图 6-4(b)，其最短路径为 1-9-11，假设每个信息源包含 3 个关键信息元素，则 $C=3$，且 3 个信息元素权重相等，且决策人风险中立。这时 $k = \sum_{l=1}^{C} k_l^* = k_1^* + k_2^* + k_3^* = 1.5$，所以，有 $X(k) = 0.5$，表明 $X(k)$ 既反映了网络最短连接强度，也反映了信息源 1 到目标节点的可达性。实际上，对于不同信息元素的损失 k 和 $X(k)$ 的关系如图 6-5 所示。

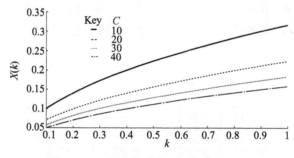

图 6-5　不同连接度与可达程度关系图

图 6-5 表明，对于同一信息源，信息元素对连接强度敏感，信息元素越少，连接强度和可达度越好。所以在作战中信息元素要取最为关键的元素。例如，舰艇编队抗击来袭反舰导弹的袭击，反映反舰导弹的关键元素是距离、方位和高度 3 个关键元素。

6.2.3　网络与信息冗余收益

6.2.3.1　网络协作能力与信息流

度量网络协作能力应该有个标准，这就是网络的协作度。对信息流过少的网络，指挥决策人员希望配置一个协作能力低的网络。如果目标是配置信息流和聚集一个建有连接度的网络,则需要一个协作能力高的网络。假如设定一个规范化协作能力评价标准,如果0代表没有协作能力,1表示最大化协作能力,则网络协作能力为一个0~1之间的数。图6-6所示为节点配置网络和对应的信息流情况。

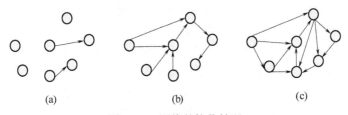

图6-6 网络的协作情况
(a)信息流过少;(b)信息流适中;(c)信息流过量。

图6-6(a)中信息流网络,表示一组孤立的节点,且信息流动最少。尽管没有任何信息流,实际上有许多需求信息源,但却没有机会去共享信息,而且假定决策节点在行动前不需要与其他节点协作,其结果是没有收益、没有代价,因而具有较低的协作能力。对于图(c)情况,由于要求信息和无用信息过多,信息超载,导致协作能力降低,最终使得多信息流的高收益和处理额外信息付出的高代价相互抵消,这种协作也是我们不希望出现的。图(b)描述了需求信息合理,同时也限制无用信息的冗余,这样产生了较好的协作能力。对于军事组织网络来说,如果较高的收益与合适的信息流总量匹配,那么处理额外信息的代价很低,且连接度有余,允许直接或间接信息共享,特别是每个节点连接较少,产生网络连接较少,形成的网络也容易管理,如表6-3所列。

表6-3 网络协作与信息流情况表

信息情况＼网络情况	收 益	代 价	协作能力
信息流过少	无	无	低
信息流适中	高	低	好
信息流过量	高	高	低

6.2.3.2 网络冗余收益与代价

网络冗余直接关系到网络本身的可靠性,影响信息的传输质量。例如,网络冗余可能会导致节点失效、系统损耗、低效处理或这些问题并发的情况下传输信息。另外,网络传输信息过多,也会导致时间延迟,这就需要增加额外时间和资源去处理。

以海军编队对空防御为例,假设图6-7中心节点是簇的决策节点,对来袭目标威胁做出决策。3个标有 a_1 的节点提供来袭目标位置和速度信息;节点 a_2 提供目标类型信息;节点 a_3 提供目标识别状态信息。节点 a_4 和 a_5 提供其他信息,但是节点 a_4 和 a_5 不是决策节点所必需的信息,这就会带来网络冗余。

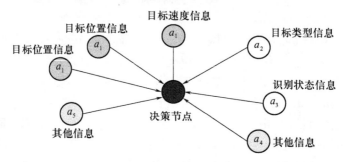

图6-7 多信息源关键信息节点中心图

从收益角度看,由于决策节点从3个信息源接收目标的位置和速度信息,如果发送和接收信息交换超时,则可能从信息源中得到多重报告信息,这些信息需要以某种方式进行组合处理。假设来袭目标位置和速度信息为某种已知概率分布的随机变量,则可选择 Bayes 等方法进行连续更新。无论采用什么方法选择信息,如果报告次数有利于接近战场环境真实情况的变化,则这些信息对网络冗余是有利的。

从付出代价角度看,首先,需求信息源越多,报告信息的变化越频繁,即簇中决策节点耗费的时间越多,多个决策者获得认知一致性的机会也就越多。由于信息处理耗费的时间影响预测质量的提高，所以，其付出的代价就是增加网络连接数。其次，有些信息可能会产生一些误差来干扰决策，这些误差的存在增加信息元素的不确定性，需要花费一定的时间进行评估。此外，原始数据在发送前，需要做一些处理，且到达决策节点的信息有处理结束时间标志，这也增加了不确定性因素，其付出的代价是增加网络传输处理时间。

处理无用信息是一种纯浪费。在图6－7中，两类信息元素a_4和a_5对提供目标跟踪和目标信息无用，处理这类信息，无疑增大了到达决策节点信息元素数，也会导致网络冗余。

6.2.3.3 信息冗余收益

信息在网络传输中也存在冗余现象。信息冗余也有付出和收益两个方面的作用。多信息源中的多重信息在增加预测的可靠性的同时，由于过多信息进入并与周围节点实现信息共享，所以，簇会因为信息超载和无用信息以及可能互斥信息而付出代价。

如果一个信息源非常可靠，其收益可以相当于多个不可靠信息源，所以，在使用信息时，需要对所有信息源提供信息的可靠性进行评估。如果信息源数对评估提供重要支持，则需要确定信息源数的权值。

令$r_i(\Theta_i)$为第i作战网络中某信息源产生报告信息的收益，m_i为信息源数，其中$\Theta_i = \sum_{j=1}^{m_i} \theta_{i,j}$为信息可靠性，$\theta_{i,j}$为第$j$个信息可靠性（$\theta_{i,j} \in [1, \infty)$），它来自信息源$s_j$（$1 \leq j \leq m_i$）的信息元素$a_i$。当至少有一个信息源包含$a_i$时，则$\Theta_i \geq 1$；假如对于所有信息源$s_j$，其可靠性都很低，则有$\theta_{i,j} = 1$，这样报告信息的平均收益$r_i(\Theta_i) = r_i(m_i)$。在网络中，限定$r_i(\Theta_i)$在0~1之间取值，这样有下列收益模型：

$$r_i(\Theta_i) = \begin{cases} 1 - e^{-\omega_i(\Theta_i - 1)} & (m_i \geq 1) \\ 0 & （其他） \end{cases} \quad (6-7)$$

式中：参数ω_i为信息元素a_i相对权重。当单一信息来自一可靠信息源,则它可能被赋予较大的权重,这时 $\Theta_i = \theta_{i,1}, r_i(\Theta_i) \to 1$。这个标准不仅度量了冗余的影响,也反映了报告信息源的充足程度。

图 6-8 所示为可靠性 Θ_i 值及多信息源不同相对权重 ω_i 对冗余收益的影响情况。

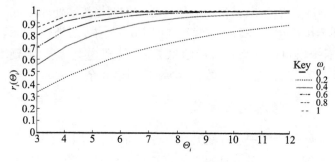

图 6-8　ω_i 和 Θ_i 对冗余收益影响

信息源和信息的可靠性与网络连接是关联的,表 6-4 记录了图 6-8 曲线的数据,给出了不同信息源的可靠性。

表 6-4　不同信息源的可靠性

编号	信息源数(m_i)	可靠性 $\theta_{i,1}$	可靠性 $\theta_{i,2}$	可靠性 $\theta_{i,3}$	可靠性 Θ_i
1	3	1	1	1	3
2	2	2	3	0	5
3	1	9	0	0	9
4	2	2	9	0	11

注意到表 6-4 中第三行,仅有一个报告信息源($m_3 = 1$)存在,且 $\Theta_i = 9$,但它被认为比第 1 行($m_3 = 3, \Theta_i = 3$)和第 2 行($m_3 = 2, \Theta_i = 5$)更可靠。然而,不管冗余如何评价,信息元素相对重要性 ω_i 对冗余的影响是呈戏剧性变化的,如图 6-8 曲线 1,$\omega_i = 0.2$;而曲线 4,$\omega_i = 1$,表明在可靠性相同条件下信息元素越重要,信息冗余的收益越大,反之则越小。如果在一个簇中每个信息元素的冗余收益

确定以后,综合这些评价可以得到簇需求信息的总评价。

设整个网络所需信息元素的总数为 N,簇关键的数目为 $C(C \leqslant N)$,在簇中决策需求的可用信息元素为 n。假如令向量 $\boldsymbol{\Theta} = [\Theta_1, \Theta_2, \cdots, \Theta_C]^T$ 表示接收来自源 $\boldsymbol{P} = [m_1, m_2, \cdots, m_C]^T$ 的报告值,可构造如下规范化标准收益:

$$\begin{cases} R(\Theta) = \dfrac{1}{n} \sum_{i=1}^{C} r_i(\Theta_i) = 1 - \dfrac{1}{n} \sum_{i=1}^{C} \rho_i e^{-\omega_i(\Theta_i - 1)} \\ \text{s. t. } \rho_i = \begin{cases} 1 & (m_i \geqslant 1) \\ 0 & (\text{其他}) \end{cases} \end{cases} \quad (6-8)$$

这里,当 $m_i \geqslant 1$ 时,$\rho_i = 1$,否则为 $\rho_i = 0$,表明对丢失信息没有惩罚,这主要考虑到前面提到的可达性评价式(6-6)。在这种条件下,若 $n = C = 0$,必须有 $\Theta_i = 0$,这样 $R(\Theta) = 0$,表明尽管可达性矩阵的值 $X(k) = 1$,但是没有冗余收益。

6.2.3.4 信息可达与冗余组合收益

为了有一个统一的标准衡量收益,这里可将信息可达收益 X 和冗余收益 R 进行合并。冗余收益除了信息源数外,还取决于关键信息元素的多少,然而这条件很弱,例如,在全连通条件下信息冗余收益为 0 的情况是可能的,相反地,一个连接有限的簇,冗余收益可能很大。比率 $R(\Theta)/X(k)$ 表明一种相对关系,当 $R(\Theta) \leqslant X(k)$ 和 $X(k) \neq 0$ 时,这比率不一定限定在 0~1。如果用参数修改该比率,以避免零分母的出现,确保在[0,1]之间,则有

$$Q[R(\Theta)/X(k)] = C_1 \frac{\eta + R(\Theta)}{\beta - X(k)} + C_2 \quad (6-9)$$

式中:$Q[R(\Theta)/X(k)]$ 为相对收益;参数 $\beta > 1$ 确保了分母不为零;参数 $\eta \geqslant 0$;参数 β 和 η 反映了冗余度和完整性的关联程度;常量 C_1 和 C_2 保证组合标准取值在 0~1。两个边界条件是 $Q(0/0) = 0$ 和 $Q(1/1) = 1$,表明给定最大通道或取得最大冗余度产生了最大的组合评价。

将边界条件代入式(6-9),可得

$$\begin{cases} C_1 = \dfrac{\beta(\beta-1)}{\beta+\eta} \\ C_2 = -\dfrac{\eta(\beta-1)}{\beta+\eta} \end{cases} \quad (6-10)$$

将式(6-10)代入式(6-9),得

$$Q(R(\Theta)|X(k)) = \dfrac{(\beta-1)[\eta X(k) + \beta R(\Theta)]}{(\beta+\eta)[\beta - X(k)]} \quad (6-11)$$

式(6-11)表明需求取决于信息可达性和冗余收益。将式(6-6)和式(6-8)代入式(6-11),得

$$Q(R(\Theta)|X(k)) = \dfrac{(\beta-1)\left[\eta(k/C)^{\xi} + \beta\left(1 - \dfrac{1}{n}\sum_{i=1}^{C}\rho_i e^{-\omega_i(\Theta_i-1)}\right)\right]}{(\beta+\eta)[\beta - (k/C)^{\xi}]} \quad (6-12)$$

6.2.4 网络协作度

在簇中,提高协作能力所付出的代价是增加网络连接、信息负荷过载、增加信息处理传输时间,造成信息元素以及传输时间等不确定性,其中后者代价是伴随信息可达性收益计算的。实际上,不确定性在网络运行的开始是看不出来的,当不同信息源和传感器的报告必须与一个完整作战系统结合时,这时不确定性问题就产生了。信息过载来自两个方面,即需求信息源太多和不必要的信息源,它们构成了冗余度量的两个函数。

6.2.4.1 无用信息的代价

在节点接收获取的信息并与簇其他节点共享信息时,无用信息对网络是一种负担,它至少干扰了正常信息的获取,具有直接的负面影响,因而必须进行处理。无用信息的边际影响程度,可用下列模型描述,即

$$Z(q) = 1 - e^{-\varepsilon q} \quad (6-13)$$

式中：q 为无用信息；ε 为比例因子，反映无用信息付出代价的比例。

无用信息是通过整个簇而不是通过一个单独的节点来影响网络的，这种情况下，相同信息元素提供 x 次无用信息与 x 倍信息元素提供一次的无用信息，其付出的代价相等。图 6-9 所示为 ε 对无用信息代价的影响。当 ε 从零增加，无用信息达到饱和点更快。同时当 ε 一定，随着无用信息越多，决策单元为此所付出的代价越大。

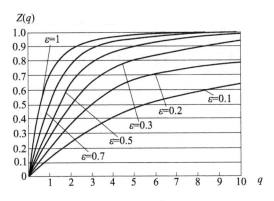

图 6-9　不同比例系数无用信息的代价

6.2.4.2　信息冗余代价模型

当簇接收到过多有用信息时，容易产生信息超载，导致有用信息互斥。一般来说，簇为信息超载付出的代价会最小化到低冗余层次。在这些层次上，收益远远超过了代价。但是，往往会出现这样的情况，即在某个信息源上，代价迅速增长以致新增信息的边际代价比当前信息还大，而在多数信息源上，代价保持平稳，边际代价最小。这种边际代价可用响应函数 $f_i(m_i)$ 来表示，即

$$f_i(m_i) = \frac{e^{-(\psi_i + \varphi_i m_i)}}{1 + e^{-(\psi_i + \varphi_i m_i)}} \quad (6-14)$$

式中：m_i 为包含信息元素 a_i 的信息源数量；φ_i、ψ_i 为调节参数，如图 6-10 和 6-11 所示。

在图 6-10 和 6-11 中图示了调节参数 φ_i、ψ_i 对冗余代价的

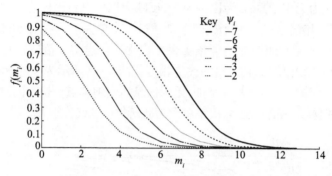

图 6-10　$\varphi_i = 2$ 时不同 ψ_i 的冗余代价

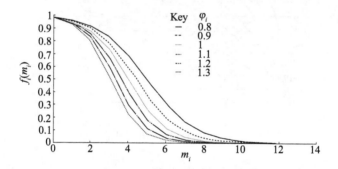

图 6-11　$\psi_i = -4$ 时不同 φ_i 的冗余代价

影响,其实际值取决于接收额外有用信息的结果。有用信息的额外信息源在运行中开始产生有害的结果,用于信息冗余的边际代价增长迅速,在达到饱和点之后迅速到达冗余。

当计算所有冗余收益时,每种有用信息类型的过度代价均能被组合成不同方式,这里给出其累加和形式,有信息冗余代价模型[5]为

$$\begin{cases} F(\boldsymbol{M}) = \dfrac{1}{n} \sum_{i=1}^{C} f_i(m_i) = \dfrac{1}{n} \sum_{i=1}^{C} \rho_i \dfrac{\mathrm{e}^{-(\psi_i + \varphi_i m_i)}}{1 + \mathrm{e}^{-(\psi_i + \varphi_i m_i)}} \\ \text{s. t.} \, \rho_i = \begin{cases} 1 & (m_i \geqslant 1) \\ 0 & (其他) \end{cases} \end{cases}$$

(6-15)

式中:向量 $\boldsymbol{M} = [m_1, m_2, \cdots, m_C]^T$;$\rho_i$ 为设定的系数。

6.2.4.3 网络的协作度模型

考虑到所有的代价需要在有用和无用信息之间取得平衡,由于有用和无用信息往往是相关联的,一个代价的存在会影响另一个代价。因此,这里将二者作线性加权,于是有

$$B[Z(q), F(M)] = \alpha Z(q) + (1-\alpha) F(M) \quad (6-16)$$

式中:$0 \leq \alpha \leq 1$ 为权重系数;$B[Z(q), F(M)] \in [0,1]$;$F(M)$ 为有用信息产生冗余的总付出代价;$Z(q)$ 为无用信息产生冗余付出的代价。

对于网络里一个簇,针对具体的任务,将作战网络组织协作的代价和收益进行组合。这里将收益除以代价作为对单位收益代价的评估。这种对"代价—收益"的处理方法不是处理真正的代价,而是将这种代价很近似地描述成为一种惩罚。在网络中,假定每一个簇采用逻辑连接的方式支持一个给定的任务。簇中的协作与簇中的信息流是相联系的,最少和过多信息流都会导致网络低的协作效果,反之,合适的信息流会导致高的协作效果,如图 6-5 所示。因此,对于作战网络组织中的簇来说,记网络协作度为 $C(Q, B)$,$C(Q, B) \in [0,1]$,设定收益和代价为独立事件,则有如下模型。

$$C(Q,B) = Q[R(\Theta) \mid X(k)][1 - B[Z(q), F(M)]] =$$
$$\frac{(\beta-1)[\beta R(\Theta) + \eta X(k)][1 - \alpha Z(q) - (1-\alpha) F(M)]}{(\beta + \eta)(\beta - X(k))} =$$
$$\frac{(\beta-1)\left[\beta - \dfrac{\beta}{n}\sum_{i=1}^{C} \rho_i e^{\delta_i(\Theta_i - 1)} + \eta (k/C)^\xi\right][1 - \alpha Z(q) - (1-\alpha) F(M)]}{(\beta + \eta)(\beta - (k/C)^\xi)}$$

$$(6-17)$$

式(6-17)为网络的协作度模型,它考虑了信息源、信息传输、网络连接等带来的冗余收益和付出代价,并对收益和付出进行

综合。该模型的建立,理清了作战组织网络在提高作战效果中的作用机理。

6.3 网络协作度对作战效果影响

6.3.1 网络性能

这里将基于信息可达性和冗余的协作能力作为评估网络决策中性能的标准,继而作为评估网络协作情况的标准。尽管基于冗余的协作能力度量了冗余信息和信息到达的程度,但是,还要在信息完整和准确的基础上联合度量信息通过簇共享达到的效果。前者评估了下层网络结构的效果和系统本身具有的特性,后者度量网络运行的动力学特性。高质量网络性能需要好的簇知识和共享知识方式。因此,整个网络性能可以表示为

$$P(N) = \sum_{i=1}^{L} [C_i(Q,B)w_i] \qquad (6-18)$$

式中:w_i 为簇的权重,$\sum_{i=1}^{L} w_i = 1$;L 为网络中簇的总数;$P(N) \in (0,1)$。

当 $P(N)$ 接近 1 时,表明簇内决策者依赖信息进行决策时,网络性能好。然而,好的作战效果是通过信息优势转化为决策来表现的,它是作战网络组织运行价值的最终尺度。

在评估关于增加决策者知识和提高决策能力的网络核心作用时,我们从静态结构和执行作战任务时的动态结构分析了网络。静态结构产生描述网络中每个簇好坏的标准,而动态结构产生了网络中每个簇中的知识。这两类标准都通过重视网络的核心连接实现的。

6.3.2 网络协作对作战效果的影响

作战网络协作度既反映了网络固有的特性,也反映了信息通

过网络时具有的特性和功能。在网络作战中,这些作战网络是一组簇,而簇内决策节点的决策效果是基于网络获取信息做出的。因此,网络的协作度和作战效果之间是有联系的,如图6-12所示[6]。

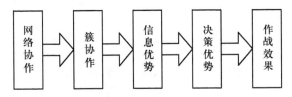

图6-12 网络的协作度和作战效果影响图

定义作战效果为$E(N)$,为了简化上述作战过程,设作战效果和网络协作能力之间的协作系数为λ_{ep},$\lambda_{ep} \in [0,1]$,则

$$E(N) = \lambda_{ep} P(N) = \lambda_{ep} \sum_{i=1}^{L} [C_i(Q,B) w_i] \quad (6-19)$$

传感器获取的信息在网络中传输、处理后,进入某簇决策中心,在取得信息优势的情况下,决策中心指挥员对作战组织的作战行动进行决策,其作战效果可通过式(6-19)计算得出。如果作战组织为海上水面舰艇编队,则λ_{ep}可以理解为编队组织在网络协作下某些武器系统的突防概率。

6.4 仿真解例

6.4.1 背景描述

该例来自参考文献[7],假设红方海上水面舰艇编队对蓝方水面舰艇实施打击。根据红方协同作战的经验,其编队编成为一艘驱逐舰(编队指挥舰),两艘护卫舰和一架预警机,由于红方参加作战的节点之间通信依靠网络,节点之间的协同可借助于网络进行。红方作战节点传感器获取的信息通过一些节点的连接最终传送编队指挥中心。这个过程如图6-13所示。

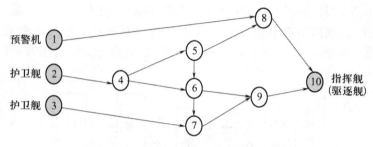

图 6-13 红方兵力构成连接示意图

6.4.2 参数确定及方法

6.4.2.1 参数的确定

红方兵力的编成主要针对蓝方的反舰导弹的攻击,提高编队的防空能力。由于红方编队作战节点 1,2,3,10 均有探测器,所以为信息源。假设确定蓝方反舰巡航导弹的关键元素为距离、方位和巡航高度,即 $C=3$。设编队网络的连接度、网络可靠性、无用信息、无用信息比例因子、网络协作度、协作系数、网络调节系数、簇的权重作为仿真验证中的 8 个关键变量。对关键变量进行探索性分析,研究关键变量之间的关系,从而得出网络协作度和作战效果之间的关系。将有关的风险系数、反应边界的 $\eta=1$、$\beta=2$、付出代价系数 $\alpha=0.5$、簇的数量 $L=4$ 设定为非关键变量。分别将 8 个关键变量在 10 个水平上进行探索性试验。

6.4.2.2 探索性分析方法

探索性分析方法是借助于可视化技术分析输入要素与作战效果之间的关系,目的是增加对要素和效果两者关系的理解。运用探索性分析方法主要有两方面的原因:一是要素之间或者是不同阶段之间关系复杂,传统的数学建模方法给出明确的计算相当困难;二是作为实验设计者来说,希望每个输入要素和作战效果尽可能地接近其真实值,同时也希望每次作战效果评估能够进行动态分析。近年来,美军在联合作战运筹分析方面取得的研究成果很多是通过探索性分析与仿真试验得出的。

探索性分析方法的本质是针对多维数据的研究相对困难的情况,通过低维数据(Low-Dimensional Data)分析,了解多维数据结构。探索性分析方法一般可以分为以下3个步骤。

(1)大范围的探索性分析。为了更好的了解输入要素与作战效果之间的关系,需要对所有可能的输入要素进行分析。

(2)聚焦分析。目的是缩小需要分析的输入要素的范围,通常是通过把每个输入要素的水平用期望值来替代。

(3)大规模的随机模拟。模拟值并不采用反映输入要素分布情况的期望值,而是随机地从输入要素中提取,并进行比较分析。

试验采用的软件为 Analytica,运用结构化的建模方式,建立模型中各个单元要素之间的因果关系,从而支持协同作战的探索性分析。

6.4.3 结果分析

(1)协作系数和作战效果的关系如图6-14所示。

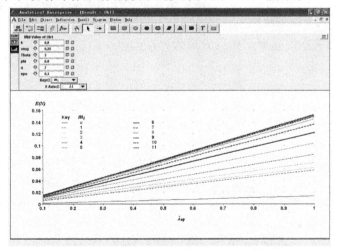

图6-14 协作系数和作战效果的关系

网络的协作系数增加则作战效果越好。同时要看到,在信息源数量达到 8 个以上时,尽管作战效果好,但是数量的增加对作战效果的增加不明显,且由于编队舰船用于探测反舰巡航导弹的传感器并不多,所以,在上述编队的编成下,传感器的配置为 3~8 个较好。

(2) 无用信息对作战效果的影响,如图 6-15 所示。

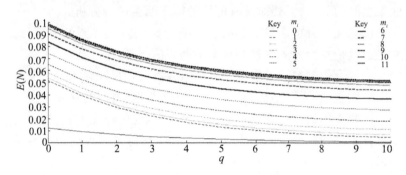

图 6-15　无用信息对作战效果影响图

图 6-15 表明,在信息源数量一定时,无用信息多意味着作战效果好。在无用信息多时,信息源数对于作战效果的影响不敏感,这与图 6-14 中对于编队传感器配置数量的要求是一致的。

(3) 连接强度和作战效果的关系如图 6-16 所示。

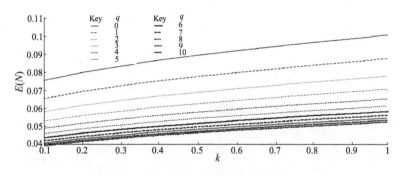

图 6-16　连接强度和作战效果的关系

图 6-16 表明,在不同的无用信息下,连接强度大,作战效果好。

(4) 连接强度和作战效果的关系如图 6-17 所示。

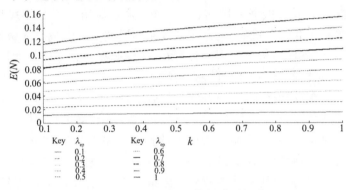

图 6-17 连接强度和作战效果的关系

图 6-17 表明,在协作系数一定的条件下,作战网络的连接强度影响作战效果,且协作系数越大作战效果越好。在协作系数很小时,连接强度对作战效果的影响不明显。

(5) 信息源数对作战效果的影响如图 6-18 所示。

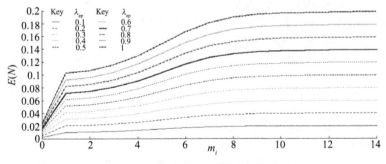

图 6-18 信息源数对作战效果的影响

图 6-18 表明,信息源数量的增加,导致了作战效果的提升,特别是在信息源数量很少的情况下,协作系数对作战效果的影响几乎呈线性关系。另外当信息源数量达到一定的值后,协作系数对提高作战效果的影响不明显。

6.4.4 结论及进一步问题

通过探索性分析可以看出,在网络可靠性一定时,信息源达到一定数量则可以抵消无用信息的影响,并且对协作系数不敏感。信息源是作战的关键要素,连接强度 k 的增加直接影响作战效果。所以,从影响作战效果的因素分析看,信息源数量和连接强度是核心要素,直接影响协同的进行和质量。

上述在进行探索性分析的时候进行了反复的迭代,同时对仿真数据从数理统计的角度进行分析,例如,对数据进行 t 检验,根据 p 值的大小,在一定概率条件下的置信水平对探索性分析结果进行筛选,最后再一次做试验进行分析,如此反复可增加分析的针对性。当然,影响协同作战效果的因素很多,在分析的时候做到客观全面也是很难的,这将在以后的工作中进行进一步的研究。

参 考 文 献

[1] RAND Corporation. Information Sharing Among Military Headquarters the Effects Decision-making[R]. Published 2004 by the RAND Corporation:12 – 13.

[2] Solé R V, Luque B. Statistical Measures for Complexity for Strongly Interacting Systems [J]. Physical Review E,1995,1(27).

[3] Endsley, Toward M R. A Theory of Situational Awareness in Dynamic Systems [J]. Human Factors,1995,37:32 – 64.

[4] Perry W, Bowden F, Bracken J, et al. Advanced Metrics for Network-Centric Naval Operations[M]. 2002:102 – 105.

[5] Information Sharing Among Military Headquarters the Effects on Decision-making[R]. Published 2004 by the RAND Corporation:83 – 85.

[6] 卜先锦. 指控单元战术协同效果分析、建模与应用[D]. 长沙:国防科技大学,2006.

[7] Bu Xianjin, Zhu Wude, Liang Honglin. The Exploratory Analysis of Collaboration Effects of Network Organization[J]. 2nd Molding and Simulation National Conference, Manchester,UK,May,2009,4:121 – 126.

第7章 协同作战的网络效应

第6章介绍了网络组织中作战信息传递、处理中的网络协作问题。本章根据协同作战的需要,提出一种适合网络时代的作战效应模型。首先描述协同作战中作战单元之间的相互关系,并分析作战节点构成的网络;其次,用图论理论定义网络并进行分类,将网络链接的特征值作为评估网络动态特性的指标,建立网络化效能模型;最后,考虑动态条件下的网络演化过程,提出网络中核心迁移的概念,并对网络效应进行分析计算。

7.1 作战组织的网络类型

协同离不开网络,协同人员的交互依靠网络的通信和传递信息。在军事网络组织中,作战指挥人员通过电话、视频会议、局域网和广域网等机制实现其功能。由于军事组织结构呈现类似复杂自适应系统中的网络特性,加上数学上有关描述网络的图论等理论,使得在探讨协同作战网络中需要区分以下4种不同类型的分层网络,即全连通网络、随机网络、无标度网络和小世界网络。

在全连通网络中,每个作战节点直接与其他所有节点交互连接。对于军事组织而言,全连通网络往往存在于少数节点之中,如果军事组织所有多节点实现全连通连接,则可能带来带宽超载,且节点面临交互膨胀的危险,导致决策时间的延迟和决策质量的降低,这对协同显然不利。实际中,在军事组织构成全连通的小型网络,类似第3章中的簇。此外,对一些团队与合作的研究表明,丰富的连接非常有意义,也是成功所需[1]。

随机网络中的节点与任何其他节点的交互概率相等,尽管交互相对稀少时服从泊松分布[2]。由于其潜在的随机特性,随机网络有时被看作是"平等"网络,网络中的节点在其空间中任何一个区域的交互比例不高,所以,在网络中除去少量节点或者链路,会导致大量非连接结构,这种特性就是的网络鲁棒性较差,抗毁性较弱,在军事组织的协同作战中没有更多的价值。

无标度网络(Be Free Scale)是少数节点大量交互,而大多数节点交互很少。所以,无标度网络近似指数幂律分布。无标度网络的自适应性强,其鲁棒性比随机网络大得多,所以,抗毁性也强。但是军事组织采用无标度网络连接时,如果敌方掌握情报,则攻击几个关键节点就可使整个网络瘫痪,所以,军事上采用无标度网络连接要慎重考虑。

小世界网络是效率最高的网络,小世界网络具有大的类聚系数,任何一个链路的节点很容易连接其他节点。从某种意义上说,小世界网络有时也可看作是无标度网络。

上述网络类型各有特点,但是在军事组织中,特别是协同作战中,由于作战规模有限,网络中的节点数量也有限,最为常用的连通或接近连通的小型网络占据主要位置,加上节点信息共享,使得研究全连通网络成为一项重要的基础工作。

7.2 作战组织的网络特性

7.2.1 节点类型及特点

7.2.1.1 节点类型

网络组织协同作战模型的建立,首先要描述组织结构的数学特性。网络起源于图论理论,作战组织的结构是一个由链路连接节点的集合。节点是网络中基本元素,相当于图论中的顶点,链接相当于图论中的边。在作战组织中,记类型节点为 S,D,P,T,节点在不同的作战组织中含义不同。如果记交战双方为红方 R 和蓝方 B,则网络中将包含节点的基本类型元素为 $R(S),R(D),R(P),R(T),B(S),B(D),B(P),B(T)$。

定义 7.1 记交战网络为 $N_e(U)$,子网络为 $N_e(V)$,则有 $N_e(V) \subseteq N_e(U)$,这里将类型节点中的节点构成的集合称为交战网络,即 $N_e(U)$。作战网络中的节点包括以下几部分。

(1) 传感器节点(Sensor,S):用于接收来自其他节点的可观测信息(如目标的位置和速度信息等),并把这些信息发送给决策者即指挥员。

(2) 决策节点(Decision-maker,D):接收来自传感器的信息,并对当前及将来其他节点的部署做出决策。

(3) 功能节点(Performance,P):接收决策者的指令,与其他节点相互作用并影响其节点的状态,也称执行节点。例如,海上编队对空防御中使用的舰空导弹等武器系统。

(4) 目标节点(Target,T):是所有具有军事价值的节点。如对于舰艇编队这样的作战组织,其对空防御中,对方来袭的反舰巡航导弹或者飞机等。目标不包括传感器、决策者和响应者。

7.2.1.2 节点特点

上述关于作战节点的定义中,网络中的节点具有以下特点。

(1) 节点具有一定的"立场"特性(如友、敌、中立等)。

(2) 传统分类法中,目标通常被定义为属于敌对一方。在网络组织中,目标被定义为除了传感器、决策者、响应者外具有军事价值的任意一方。

(3) 传感器是信息的接收和处理者,它为决策节点提供信息支持,它是客观的武器装备,其本身不能被看做决策能力的一部分,因而传感器包含在传感器节点中。

(4) 所有传感器信息必须经过决策者才可转化为具体作战行动。"传感器信息至战位指挥员"是允许的,但"传感器信息至舰空导弹"是不行的。当对方目标只有被己方的传感器探测到时,决策者才能知道是否是己方目标、响应者或非链接传感器。

(5) 连接节点为有向链接。有向链接不仅包括节点之间的物理链接,而且包括那些基于信息技术建立起来的链接。在战术意图驱动下,大多数有向链接描述了节点之间的作战交互行为。为了问题的方便,本章将交战双方定义为"红方"和"蓝方"。

7.2.2 作战网络的矩阵描述

定义7.2 在作战组织构成的网络中,最小子网络称为简单交战组织网络。

由作战双方构成的网络为一个最基本的作战网络,如图7-1所示,其中阴影部分的节点表示"蓝方",无色表示"红方"。

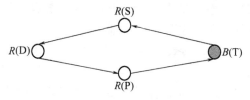

图7-1 简单交战网络组织图

该网络中,红方的作战节点元素有传感器 $R(S)$、决策指挥员 $R(D)$、执行节点 $R(P)$,蓝方只有目标 $B(T)$。首先红方传感器探测到蓝方目标,然后将目标信息传送到指挥处理中心,由红方决策指挥员进行决策,最后将决策结果传送给执行机构,由执行结构对蓝方目标实施攻击。

定义7.3 在作战网络组织中,由交战双方基本类型节点组成的具有交战能力的网络称为对抗性网络组织。图7-2所示为一对抗性网络,该网络中,红蓝双方的作战元素均包括传感器、决策指挥员、执行机构、目标。红方传感器不仅发现了蓝方目标,而且还发现了自己目标,这就需要对目标进行识别,该任务由红方传感器和指挥中心进行。另外,蓝方传感器不仅探测红方目标,而且将红方的执行节点 $R(P)$ 也作为目标进行探测,并且让其执行机

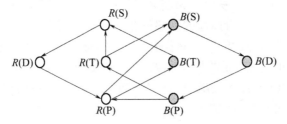

图 7-2 具有双方对抗的作战组织网络图

构对 $R(P)$ 实施攻击。

当作战网络中节点数一定,其对抗的规模发生变化时,网络链接数量将大大增加,图 7-3 中,链接数为 34 个。这种情况下,用网络图的方式描述节点间的连接关系是不行的。特别是网络复杂时,可用"邻接矩阵"来描述网络的维数。如图 7-4 所示。

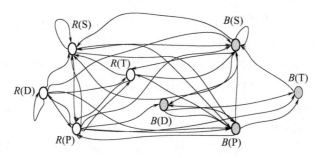

图 7-3 多节点链接作战网络图

		红方				蓝方			
		$R(S)$	$R(D)$	$R(P)$	$R(T)$	$B(S)$	$B(D)$	$B(P)$	$B(T)$
红方	$R(S)$	1	0	1	0	1	0	1	0
	$R(D)$	1	1	1	1	1	0	0	0
	$R(P)$	1	1	0	1	1	1	1	1
	$R(T)$	1	0	1	0	1	0	0	0
蓝方	$B(S)$	1	0	0	1	1	1	0	0
	$B(D)$	1	0	0	0	1	0	1	1
	$B(P)$	1	1	1	1	1	1	1	1
	$B(T)$	1	0	0	0	1	0	0	0

图 7-4 作战组织的网络邻接图

图 7-4 中,横纵坐标相连为"1",不相连为"0"。邻接矩阵完全等价于图 7-3 所描述的网络连接关系。该矩阵中,"1"表示从行节点至列节点之间有一条链接(链接的方向都是由行指向列);"0"表示两节点间无链接。例如,从 $R(D)$ 到 $R(T)$、$B(S)$ 之间有链接,但 $R(P)$、$B(S)$、$B(D)$、$B(T)$ 到 $R(P)$ 之间没有链接。链接中节点之间有链接"1"的和称为网络的维数。

网络组织的协同作战中,作战节点可构成不同子网进行交战,当目标批次、威胁程度等要素不同时,构成子网的规模和类型也不同。虽然不同规模和类型的子网络可通过简单的完整网络进行构造,但是高维结构网络仍相当复杂,因为对 N 个节点可构造出 2^{N^2} 个不同的有向链接子网。例如,图 7-3 中每个节点和其余节点之间建立一条链路,有 2^{64} 不同子网,这些子网便构成了作战部署方案。

有关网络的理论已证明:随着节点数量的增加,网络复杂性越高。所以,在数量庞大的作战状态空间中,试图找到一种节点和链接的最佳组合是一件极其复杂的工作。另外,作战网络异常复杂性导致分布式网络作战将不可能采用集中式控制方式,而采用分布式控制方式。一方面分布式指控方式具有多层的指挥决策结构,便于分析;另一方面指挥员可利用局部感知优势进行局部的战术部署,既避免全局的复杂性,又对作战网络提供最佳的指挥控制。

7.2.3 Lanchester 方程网络描述

在协同作战网络中,如果将大量传感器、决策者、执行机构及目标合并成为一组节点,每组包含了一个传感器、一个决策者、一个执行机构和一个目标,这些节点构成的网络类似于 Lanchester 方程,这正是采用网络方法描述作战过程的好处,如图 7-5 所示。

图 7-5 表明,传统基于微分对策的 Lanchester 方程模型可以通过网络中的分组进行,这样,可用同一种模型来对传统方式与分布式网络作战进行比较,以便取得较好的效果。

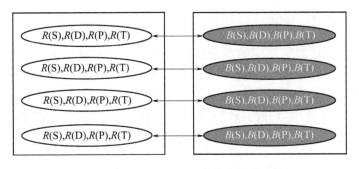

图7-5 Lanchester方程构成的作战网络

7.3 协同作战网络化效果模型

7.3.1 协同作战"圈"

定义7.4 协同作战网络中,局部战术部署优势的形成依赖于节点之间连接的动态交互。当有向链接形成闭合回路时,则回路称为圈。

圈是图论中一种由边与节点组成的特殊结构,圈是作战节点协同价值产生源。如果作战网络组织中没有圈,也就不会产生有用的网络化效果。在有圈构成的作战子网中,每个节点都沿着一条特定的路径执行自己的任务,行使自己的功能。由于圈中任意节点均包含"进"与"出"指向,所以圈中任意一节点至少行使了两次自己的功能。网络组织优势就是来自网络中这些动态的、自循环圈[3]。当作战网络允许存在只包含一个或两个节点的圈时,其作用很小,如单个决策节点构成圈形成的子网,如果不将其连接到作战网络中,该决策节点的价值无法实现。对于三维以及更高维数的圈,其产生网络化作战效果能力也不同。此外,不同类型圈,其网络效果也不一样,所以,有必要对作战网络中的圈的类型进行定义和分析。

7.3.2 圈的类型和作用

协同作战网络中的圈是协同节点完成作战任务构成的价值实现链。由于网络中的节点的性质和作用不同,所以其在作战子网络中扮演的角色也不同。通常作战网络中将节点形成的"圈"根据其作用分为指挥控制圈、正反馈圈、资源竞争圈和协同交战圈。

7.3.2.1 指挥控制圈

指挥控制圈主要针对决策节点来说的,决策节点直接控制某方的作战资源。图7-6所示为3种指控圈。

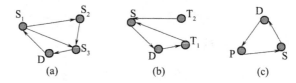

图7-6 网络中的指控圈

图7-6(a)中,$D-S_1-S_3$构成一个圈。决策节点D对传感器S_1直接控制,传感器S_3监测S_1的信息(包括位置信息),并将此信息报告给决策节点D,决策节点D收到信息后会发送一个控制信号至S_1,以调整S_3的位置,从而构成完整的指控圈。另外,$D-S_1-S_2-S_3$也构成圈,S_3监测S_1和S_2的信息并报告决策节点,最后由决策节点对S_1实施控制来调整S_2和S_3,从而构成一个控制圈。

图7-6(b)中,$D-T_1-S$构成圈。传感器S接收目标T_1和T_2信息,并把该信息传送至决策者D,D发送控制信号至T_1,而T_1的移动受S监测,从而构成了指控圈。

图7-6(c)中,$D-P-S$构成圈,决策者D发送指令至执行者P,P的状态被S监测到,并送回至D,D继续发送控制信号至P,从而构成了指控圈。

7.3.2.2 正反馈圈

决策者对于己方资源信息进行间接控制时,必须通过调整节点的位置、改变节点的信息流方向等手段实施,从而达到控制的目的。图 7-7 所示为 3 种正反馈圈。

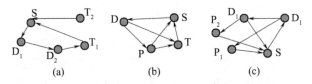

图 7-7 网络中的正反馈圈

图 7-7(a)中,D_2 控制着传感器 T_1,传感器 S 同时探测并获取目标 T_1 和 T_2 信息,并把信息报告给 D_1,D_1 再传给 D_2。在该例中,D_2 可能会试图命令 D_1 将 S 放置在比 T_1 更远的位置上,例如将 S 放在目标 T_2 附近,以便更好地进行监视。这样,D_2 对 T_1 的决策不仅直接地受到 S 的影响,并且间接地受到 T_2 的影响。这种指挥员的决策信息和实施控制信息通过循环加工得到了增长,所以称作为正反馈圈。

图 7-7(b)和图 7-7(c)中,也有类似过程。正反馈圈的本质在于网络中子圈或节点的资源被另一个圈所间接控制。

7.3.2.3 资源竞争圈

资源竞争圈,是依据己方及对方资源信息共同作用,对资源实施控制。图 7-8 所示为红方和蓝方两个竞争圈,其中,无色节点为红方,阴影节点为蓝方。

在图 7-8(a)中,决策者 $R(D)$ 控制己方的 $R(T)$ 和 $R(P)$,一个红方传感器 $R(S)$ 探测到蓝方传感器 $B(S)$ 以及红方目标 $R(T)$ 和执行节点 $R(P)$ 的位置信息,并将这些位置信息报告给$R(D)$,$R(D)$ 基于这些信息重新部署红方传感器 $R(S)$ 和 $R(P)$ 位置。当这些资源的移动被红方 $R(S)$ 识别后,再一次报告给$R(D)$,这样形成了一个完整的圈。

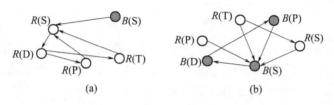

图 7-8　网络中的资源竞争圈

在图 7-8(b) 中,蓝方传感器 $B(S)$ 监测到红方目标 $R(T)$、传感器 $R(S)$ 和执行节点 $R(P)$ 的活动,蓝方 $B(D)$ 根据传感器 $B(S)$ 报告的信息对其 $B(P)$ 进行控制,假设这些资源可以移动,且移动被蓝方 $B(S)$ 再一次识别并报告给 $B(D)$,$B(D)$ 发送控制信息对 $B(P)$ 进行控制,这样再一次形成一个完整的圈。

7.3.2.4　协同交战圈

协同交战圈描述了作战网络中某一方对另一方使用了作战力量,如图 7-9 所示。

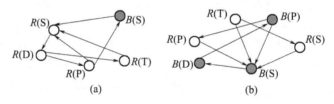

图 7-9　协同作战圈

在图 7-9(a) 中,红方传感器 $R(S)$ 探测到敌方传感器 $B(S)$ 信息,并将该信息以及红方目标 $R(T)$ 和执行节点 $R(P)$ 的位置信息一起发送至决策节点 $R(D)$,$R(D)$ 调整红方目标 $R(T)$ 的位置,同时命令红方 $R(P)$ 攻击敌方 $B(S)$,红方传感器 $R(S)$ 监视打击过程,并报告给红方决策者 $R(D)$,从而构成了完整的圈 $R(S) \rightarrow R(D) \rightarrow R(P) \rightarrow B(S) \rightarrow R(S)$。

在图 7-9(b) 中,蓝方传感器 $B(S)$ 探测到红方目标 $R(T)$、传感器 $R(S)$ 以及执行节点 $R(P)$ 的位置,并将信息传至蓝方 $B(D)$,

$B(D)$命令$B(P)$攻击红方$R(P)$,同时,蓝方传感器$B(S)$监测并报告至蓝方的决策者$B(D)$。从而构成新的协同交战圈$B(S)\rightarrow B(D)\rightarrow B(P)\rightarrow R(P)\rightarrow B(S)$。

通过上述分析可知,上述圈都是围绕作战资源进行的,而协同交战圈是控制资源后的结果,必须要通过其执行节点对对方实施攻击,从而完成其作战任务。

7.3.3 协同作战的网络化效应

7.3.3.1 网络化效应的度量

用圈来描述网络化信息作战模型直观形象,为指挥员决策提供可视化作战图,但是如果要计算这种可视化作战部署的效果,则很难进行。为了解决这个问题,这里采用系统工程方法,即用邻接矩阵来表示网络中节点的连接关系。

数学上,特征向量有很明确的意义,特征值反映了特征向量在变换时的伸缩倍数,对一个变换而言,特征向量指明了方向,而特征值反映了矩阵构成的性质。对于交战网络而言,邻接矩阵可以用来计算作战网络的各种参数及性能,特征值能够反映网络连接的效果,特征值用λ表示。网络化协同作战中,矩阵的特征值反映了作战节点在作战中的静态特性,当网络节点在损坏情况下进行重组时,特征值还反映网络的动态特性。

由于作战网络中的邻接矩阵为一非负矩阵。根据 Perron-Frobenius 定理可知,矩阵至少存在一个大于所有其他特征值的、非负实数特征值,叫做最大特征值(λ_N),它反映了网络最大伸缩性,也就是网络的动态适应性。所以用网络对应矩阵的最大特征值来作为对网络性能的度量是有一定的现实意义的。

7.3.3.2 3 种网络的特征值

1. 无圈网络

对于邻接矩阵为 $0-1$ 矩阵,该特征值有 3 种不同的取值,这

3 种不同的值能够反映网络化效果的 3 种度量,即无圈网络、单圈网络及多圈网络。无圈网络就是作战网络组织中的节点之间有向链接,不能够形成闭合回路的网络称为无圈网络。

图 7-10(a)为一无圈网络,它不存在从节点出发并能够回到该节点的回路。右边矩阵为该网络的邻接矩阵,经过计算该矩阵的特征值为零。

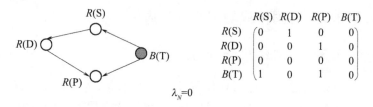

图 7-10 无圈网络及特征值

定义 7.5 对于一个作战网络,当网络邻接矩阵的特征值等于零,即 $\lambda_N = 0$,则称这个网络为无圈网络。

2. 单圈网络

在作战网络中,只有一个圈的网络称为单圈网络。图 7-11 所示为一个简单圈,即一个没有后向反馈以及前向反馈捷径的圈,由于没有捷径,也就没有网络化效果,该网络的邻接矩阵的特征值等于 1。

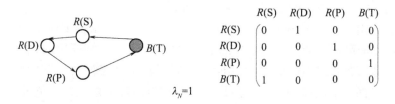

图 7-11 单圈网络及特征值

3. 多圈网络

在作战网络中,往往存在多个圈。对于一个全连通网络,如果节点数为 N,记网络圈数为 Q,则有

$$Q = C_N^3 + C_N^4 + \cdots + C_N^N = 2^N - C_N^2 - C_N^1 - C_N^0 =$$
$$2^N - \frac{1}{2}N(N-1) - N - 1 \quad (7-1)$$

实际作战网络中,由于组成网络的基本类型节点存在一定的关系,这种关系来自于作战程序、作战规则和武器装备使用等。所以,作战网络中的多圈网络远远小于全连通的网络中的圈数,如图7-12所示。

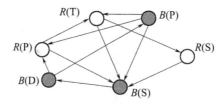

图 7-12 多圈作战网络

在如图 7-12 所示交战网络中,3 个节点构成圈的主要有

$$\begin{cases} l_1: B(S) - B(D) - R(P) - B(S) \\ l_2: B(S) - B(D) - B(P) - B(S) \\ l_3: B(D) - B(P) - R(P) - B(D) \end{cases} \quad (7-2)$$

4 个节点构成圈主要有

$$\begin{cases} l_1: B(S) - B(D) - R(P) - R(T) - B(S) \\ l_2: B(S) - B(D) - B(P) - R(T) - B(S) \end{cases} \quad (7-3)$$

5 个节点构成圈主要有

$$\begin{cases} l_1: B(S) - B(D) - R(P) - R(T) - R(S) - B(S) \\ l_2: B(S) - B(D) - B(P) - R(T) - R(S) - B(S) \end{cases}$$

当网络中的节点增多时,多圈网络可能成为较为复杂的网络。尤其是增加节点和链接数,产生了网络化效应。多圈网络的特征值根据具体网络而定。

7.3.3.3 具有附加结构的多圈网络

附加结构的获得是靠增加网络中的节点形成链接实现的。增加链接就有可能增加网络中的圈数。当网络有一个捷径时,其邻接矩阵的特征值总是大于1。对于多圈网络而言,也可用特征值度量网络化效果。这里主要讨论3种附加结构。

1. 自加强网络

如图7-13在图7-11的基础上增加了$R(S')$,由于$R(S')$的存在,导致$R(S')$效果与$R(S)$的效果可以反复循圈,所以这种网络成为"自加强"网络。

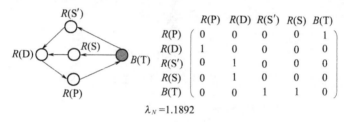

$\lambda_N = 1.1892$

图7-13 具有自加强网络及特征值

2. 叠加链路网络

随着网络中节点链接的增加,网络中的特征值也随之增加,网络的协作效果也在增加。由于增加附加结构就会增加网络化效果,所以,在增加叠加链时,往往无需叠加一个网络结构,而只需要改变链接关系即可。图7-14中,在节点数量不变的情况下增加叠加链接$R(P) - R(S)$的情况。值得注意的是,这种情况网络特

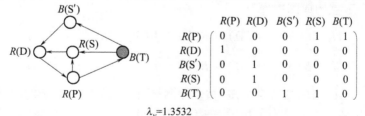

$\lambda_N = 1.3532$

图7-14 具有叠加链路网络及特征值

征值增加并不明显。

3. 增加链路和节点网络

对于作战网络,并不是所有叠加链接和节点均对网络化效果起作用,如图7－15所示。

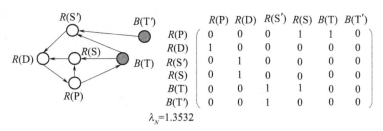

图7－15　增加链接及节点网络及特征值

图7－15是在图7－14的基础上又增加了网络中的节点$B(T')$和链接$B(T')-R(S')$。这种情况下,由于一方面红方增加了$R(P)-R(S)$链接,执行节点$R(P)$控制传感器$R(S)$的工作;另一方面红方传感器$R(S')$又增加了对蓝方目标$B(T')$的监测任务。这两种情形实际是对原网络在完成任务中功能的一种抵消,并没有改变网络的特征值,所以,这种情况没有改变网络化效果。

上述3种情况的多圈网络,描述了网络特征值的变化。其本质是网络包含了能够产生网络化效果的子网络结构,该子网络称为"核心子网络",它决定了矩阵特征值的大小。其中,图7－13是图7－14和图7－15的核心结构。那些不能增加网络特征值的链接和节点称为额外链接或者额外节点,例如,图7－15中的节点$B(T')$和$R(S')$,链接$R(P)-R(S)$和$B(T')-R(S')$属于额外的节点和链接。

通过对上述网络的分析可知,在多个节点协同作战网络中,要体现网络的适应性和鲁棒性,且保证网络性能在一定范围内不变,其根本原因在于"核心子网络"的存在。当然,在一个多节点组成的作战网络中,例如,联合作战,其作战规模大,这时可能会有多个

"核心子网络"存在。所以,在网络化协同作战中,构建网络"核心子网络"是实施正确决策和部署的前提。要根据战损情况,通过增加数据链等设备,不断地构建正反馈网络。同时,增加叠加链接,以提高交战网络的效果。额外链接和额外节点的增加,由于付出和收益的平衡导致了网络的特征值没有改变,这是我们不需要的。值得欣慰的是增加额外链接和额外节点,一定程度上增加了网络的动态适应性和鲁棒性。

7.4 协同作战网络的核心迁移

7.4.1 网络突增性与网络潜在结构

通过以上对网络特征值的计算可知,作战网络性能随着网络规模(节点和链接)的增长而增加。事实上,网络成熟的过程中,不是以渐进方式成长,而是随网络的增长呈现快速连通性,这种增长的动力学原理也称为网络的演化。

7.4.1.1 网络的突增性

网络的突增性是指当网络由一组较小节点连接成更大、更复杂的网络结构时,其连通性会突然增加,如图 7-16 所示。

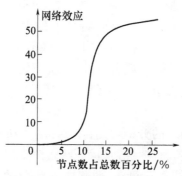

图 7-16 网络的突增性示意图

图7-16表明,当网络中的节点增加到某一数值时,网络的链接数在增加。链接数的增加导致网络的突增性,其中90%的网络快速增长是由10%的链接引起的,这和小世界网络和无比例网络很类似。例如,在万维网中,大量的网站总是被少数网站所链接,如新浪、搜狐等。当网络中的节点增加时,从起始点到突发增长期间的链接存在一种潜在结构,这种潜在的结构机制是"有限叠加增长"带来的结果。

7.4.1.2 网络自适应性

协同作战网络中,作战双方拥有大量的传感器装置,交战初始双方的节点有限,所形成的链接数量也有限。随着节点和链路的增加,交战网络从无圈网络演化为多圈网络。根据网络的突增性,作战网络潜在结构大都是由90%的链路和节点构成,且被10%的链接所引起和控制,这对作战组织指挥员制定作战策略至关重要,如图7-17所示。

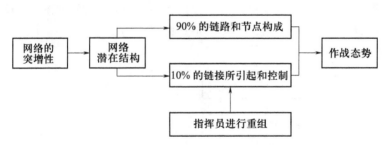

图7-17 网络有限叠加增长的运用示意图

在战术上,快速配置网络节点可造成战争的"迷雾"。网络化交战组织可以在局部范围内很好地连接在一起,而全局范围内,千方百计改变其主要目标,使其结构保持模糊状态,使得对方无法搞清楚自己的意图,从而造成战争的"迷雾"。所以,指挥员在网络化协同作战中,可以选择适当的时间和地点对网络进行快速配置,并在完成军事行动后再次返回模糊状态。使对方认为该分布式作战组织无固定模式状态,侦查和情报收集很困难,这正是不完全信息条件下的战争博弈所在,也是发挥信息优势的精华所在。

此外,由于这种潜在的结构的存在,只要对网络中 5%～10% 的链路进行重新部署,就可以实现网络的自适应重组。网络的潜在结构是一种作战优势结构,也被称为"中立"结构。所以,网络自适应性能指标就是计算复杂网络中潜在结构的数量。

7.4.2 协同作战网络的演化

7.4.2.1 核心迁移及其步骤

核心迁移指"核心子网络"在整个作战中位置的变化。在图 7-15、图 7-14 和图 7-13 中,其网络的核心是图 7-11 的结构。在实际作战中,这种结构可能随着环境的变化而变化。在网络核心迁移过程中,网络化效果的中心可以从一种链路和节点的子集迁移到另一种链路和节点的子集。一个作战网络的核心迁移的过程要经历对方目标被发现、我方对现有的结构进行重新部署、执行机构准备攻击,直至最后对方目标被攻击的过程,如图 7-18 所示,反映核心子网络迁移效果是其特征值的变化。

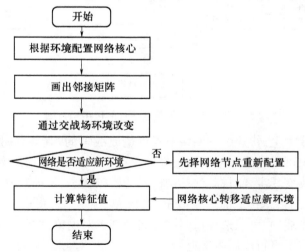

图 7-18 作战网络核心迁移步骤图

7.4.2.2 网络核心迁移案例分析

在网络核心迁移中,迁移对象可以是传感器、也可以是其他类型的节点。假如红方为海军舰艇编队,并且拥有卫星和预警机,可远距离发现目标并为舰艇编队提供指示,红方编队反潜、防空及对海作战中拥有 4 个传感器,即 2 艘水面舰艇传感器($R(S_3)$、$R(S_4)$)、预警机($R(S_1)$)、卫星($R(S_2)$),同时红方发射 1 枚舰空导弹和 1 枚反舰导弹为执行打击任务装置。蓝方目标为 1 架歼击轰炸机、1 艘水面舰艇,如图 7 - 19 所示。

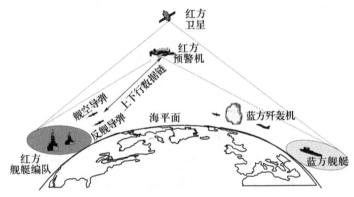

图 7 - 19 协同作战网络示意图

1. 子网络核心的形成

将图 7 - 19 中各节点进行抽象,可以得到图 7 - 20。其中 $R(D)$ 为红方决策节点控制着一组 4 传感器监测敌方目标,方框中的作战元素是产生网络效果的核心,右边的邻接矩阵中阴影部分与之相对应,传感器 $R(S_1)$、$R(S_2)$、$R(S_3)$、$R(S_4)$ 和 $R(D)$ 5 个节点构成了作战网络的核心。$R(P_1)$ 和 $R(P_2)$ 为 2 个外围节点,$B(T_1)$ 和 $B(T_2)$ 为蓝方 2 个目标节点。

图 7 - 20 态势是作战网络中的基本核心,是在特定环境下作战网络的一种基本配置。通过计算,可以得出其最大特征值 $\lambda_{\text{PFE}} = 2.36$。

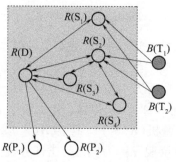

	$B(T_1)$	$B(T_2)$	$R(S_1)$	$R(S_2)$	$R(S_3)$	$R(S_4)$	$R(D)$	$R(P_1)$	$R(P_2)$
$B(T_1)$	0	0	1	1	0	0	0	0	0
$B(T_2)$	0	0	1	1	0	0	0	0	0
$R(S_1)$	0	0	0	0	0	0	1	0	0
$R(S_2)$	0	0	0	0	1	1	1	0	0
$R(S_3)$	0	0	0	1	0	0	1	0	0
$R(S_4)$	0	0	0	1	0	0	1	0	0
$R(D)$	0	0	1	1	1	1	0	1	1
$R(P_1)$	0	0	0	0	0	0	0	0	0
$R(P_2)$	0	0	0	0	0	0	0	0	0

$$\lambda_N = 2.6855$$

图 7-20　决策和传感器组成的子网络核心

2. 跟踪时子网络核心的变化

由于地球曲面的存在，红方舰艇的传感器 $R(S_3)$、$R(S_4)$ 发现不了蓝方目标，红方只有在预警机的引导下才能交战。为了适应这种变化，红方必须对编队进行重新配置，这样最初的网络核心要发生迁移。图 7-21 所示的核心迁移描述了作战网络自适应过程：卫星将发现目标情况传送给预警机和决策节点，一个预警机传感器跟踪目标，另外两个传感器监测进行攻击准备的打击装置位置的变化。可以看到网络的核心为传感器 $R(S_2)$、$R(S_3)$、$R(S_4)$、$R(D)$、$R(P_1)$ 和 $R(P_2)$，包含了执行节点 $R(P_1)$ 和 $R(P_2)$，同时网络矩阵的特征值也随之发生了变化，$\lambda_{PFE} = 1.8993$。上面核心迁移的过程是通过移去卫星节点，并增加了

从执行节点 $R(P_1)$ 和 $R(P_2)$ 到传感器 $R(S_3)$ 和 $R(S_4)$ 两条链路来实现的。

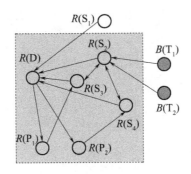

图 7-21 最初的网络核心

3. 当红方攻击时子网络核心的变化

当红方在预警机的跟踪下,发起了对 $B(T_1)$ 和 $B(T_2)$ 的攻击,这时网络的核心迁移再次发生变化,如图 7-22 所示。例如,邻接矩阵右下角的阴影区域所示。传感器 $R(S_1)$、$R(S_3)$ 和 $R(S_4)$ 已经被重新配置用来搜寻其他目标,不再与敌方目标 B_T 发生联系。此时,$R(S_1)$、$R(S_3)$ 和 $R(S_4)$ 三者成为了网络的外围节点,这时,最核心的问题是 $B(T_1)$ 和 $B(T_2)$ 被包含到网络的核心中,此时网络特征值 $\lambda_N = 2.0907$。

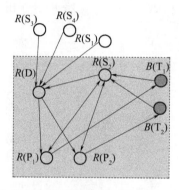

图 7-22 攻击核心

4. 当红方连续攻击时子网络核心的变化

随着作战进程的进行,核心迁移还在进行。图 7-23 描述了这种连续作战过程。红方 $R(P_1)$ 和 $R(P_2)$ 与蓝方目标 $B(T_1)$ 和 $B(T_2)$ 交战时,传感器 $R(S_3)$ 用来监测 $B(T_1)$ 的损伤,传感器 $R(S_4)$ 用来监测 $B(T_2)$ 的损伤,并将该信息传递给决策节点 $R(D)$,$R(D)$ 继续控制 $R(P_1)$ 和 $R(P_2)$ 进行攻击。这个过程,图中核心没有发生迁移,但是网络效果却得到了增强,这是因为改变作战网络的节点作用产生的,这些节点产生的附加网络链路相互作用,从而增加网路的特征值,此时 $\lambda_N = 2.1673$。

通过作战网络的核心迁移情况可知:随着作战进程的持续,交战双方的环境发生变化,导致作战任务在变化,要适应这种变化,

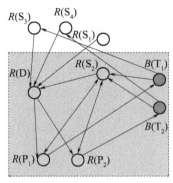

	$B(T_1)$	$B(T_2)$	$R(S_1)$	$R(S_2)$	$R(S_3)$	$R(S_4)$	$R(D)$	$R(P_1)$	$R(P_2)$
$B(T_1)$	0	0	0	1	1	0	0	0	0
$B(T_2)$	0	0	0	1	0	1	0	0	0
$R(S_1)$	0	0	0	0	0	0	1	0	0
$R(S_2)$	0	0	0	0	0	0	1	1	1
$R(S_3)$	0	0	0	0	0	0	1	0	0
$R(S_4)$	0	0	0	0	0	0	1	0	0
$R(D)$	0	0	0	0	0	0	0	1	1
$R(P_1)$	1	0	0	0	0	0	0	0	0
$R(P_2)$	0	1	0	1	0	0	0	0	0

$\lambda_N = 2.1673$

图 7 – 23　持续的攻击核心

必须对作战网路中的节点重新进行配置,以适应环境的变化。这种对作战网络的影响反映了网络的适应性。

7.5　网络特性对协同效果的影响案例

为了分析网络特性对协同效果的影响,这里选择了两种具有不同网络特性的海上舰艇编队作为研究对象[4]。其特性主要通过数据链连接实现的。

7.5.1　背景描述

第一种编队由 3 艘水面舰艇、1 架预警机和 1 架反潜直升机组成,其中 3 艘水面舰艇中有 1 艘舰艇为编队指挥舰,编队中没有数据链支持,各水面舰艇对空中目标的探测必须依靠水面舰艇本身的雷达,虽然预警机能够探测目标的信息,但由于没有数据链的支持,只能通过特定的信息渠道传输给编队指挥舰,编队指挥舰也不能及时有效地指挥水面舰艇和直升机,如图 7 – 24 所示。

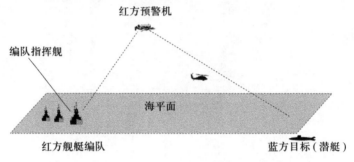

图 7 – 24　案例中双方构成的网络结构

其中 3 艘水面舰艇共有 $R(S_1)$、$R(S_2)$、$R(S_3)$ 和直升机 $R(S_4)$ 等 4 个传感器对目标 R_T 进行探测,由于编队舰没有装备舰舰和舰空数据链,则这 4 个传感器之间无法进行通信,只能把信息分别传递给相应的决策者 $R(D_1)$、$R(D_2)$、$R(D_3)$ 和 $R(D_4)$,这 4 个决策者分别控制 4 个响应者 $R(P_1)$、$R(P_2)$、$R(P_3)$ 和 $R(P_4)$,分别决定这 4 个响应者是否对目标 $B(T)$ 进行打击。具体连接情况如图 7 – 25 所示。

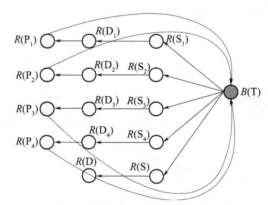

图 7 – 25　无数据链支持条件下的网络

第二种编队也由 3 艘水面舰艇、1 架预警机和 1 架直升机组成,与第一种编队的差别在于该编队装备了数据链,其简化网络连接如图 7-26 所示。其中 3 艘水面舰艇的传感器为 $R(S_1)$、$R(S_2)$ 和 $R(S_3)$,直升机传感器为 $R(S_4)$,预警机 $R(S)$ 不仅可以对目标进行探测,而且它们之间可以通过数据链进行信息共享,共享的信息可以通过数据链传递给决策者 $R(D_1)$、$R(D_2)$、$R(D_3)$ 和 $R(D_4)$ 以及编队指挥舰 $R(D)$。这里也与第一种编队不同,$R(D_1)$、$R(D_2)$、$R(D_3)$、$R(D_4)$ 和 $R(D)$ 之间也可以在数据链的基础上进行协同决策,控制 $R(P_1)$、$R(P_2)$、$R(P_3)$ 和 $R(P_4)$ 对目标实施打击。

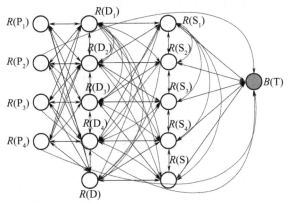

图 7-26 有数据链支持条件下的网络

7.5.2 随机断连及特征值模型

在上述两种背景中,在进行一段时间的交战后,红方在有或无数据链条件下,编队的节点遭到了随机损坏,导致一些连接产生随机断连。这里分别随机损坏网络中 1~7 个链接和 1~3 个节点,分别对有或无数据链条件下对网络的最大特征值进行计算,其特征值算法采用经典的幂法。

7.5.3 数据及关系

根据有或无数据链支持条件下编队作战节点的链接关系,得出表 7-1 和表 7-2。该表实际上是一个邻接矩阵。

表 7-1 无数据链条件下的网络节点链接矩阵表

节点	$R(S_1)$	$R(S_2)$	$R(S_3)$	$R(S_4)$	$R(S)$	$R(D_1)$	$R(D_2)$	$R(D_3)$	$R(D_4)$	$R(D)$	$R(P_1)$	$R(P_2)$	$R(P_3)$	$R(P_4)$	$B(T)$
$R(S_1)$	0	0	0	0	0	1	0	0	0	0	0	0	0	0	0
$R(S_2)$	0	0	0	0	0	0	1	0	0	0	0	0	0	0	0
$R(S_3)$	0	0	0	0	0	0	0	1	0	0	0	0	0	0	0
$R(S_4)$	0	0	0	0	0	0	0	0	1	0	0	0	0	0	0
$R(S)$	0	0	0	0	0	0	0	0	0	1	0	0	0	0	0
$R(D_1)$	0	0	0	0	0	0	0	0	0	0	1	0	0	0	0
$R(D_2)$	0	0	0	0	0	0	0	0	0	0	0	1	0	0	0
$R(D_3)$	0	0	0	0	0	0	0	0	0	0	0	0	1	0	0
$R(D_4)$	0	0	0	0	0	0	0	0	0	0	0	0	0	1	0
$R(D)$	0	0	0	0	0	0	0	0	0	0	0	0	0	0	1
$R(P_1)$	0	0	0	0	0	0	0	0	0	0	0	0	0	0	1
$R(P_2)$	0	0	0	0	0	0	0	0	0	0	0	0	0	0	1
$R(P_3)$	0	0	0	0	0	0	0	0	0	0	0	0	0	0	1
$R(P_4)$	0	0	0	0	0	0	0	0	0	0	0	0	0	0	1
$B(T)$	1	1	1	1	1	0	0	0	0	0	0	0	0	0	0

表 7-2 有数据链条件下的网络节点链接矩阵表

节点	R(S₁)	R(S₂)	R(S₃)	R(S₄)	R(S)	R(D₁)	R(D₂)	R(D₃)	R(D₄)	R(D)	R(P₁)	R(P₂)	R(P₃)	R(P₄)	B(T)
$R(S_1)$	0	1	1	1	1	1	1	1	1	1	0	0	0	0	0
$R(S_2)$	1	0	1	1	1	1	1	1	1	1	0	0	0	0	0
$R(S_3)$	1	1	0	1	1	1	1	1	1	1	0	0	0	0	0
$R(S_4)$	1	1	1	0	1	1	1	1	1	1	0	0	0	0	0
$R(S)$	1	1	1	1	0	1	1	1	1	1	0	0	0	0	0
$R(D_1)$	0	0	0	0	0	0	1	1	1	1	1	1	1	1	0
$R(D_2)$	0	0	0	0	0	1	0	1	1	1	1	1	1	1	0
$R(D_3)$	0	0	0	0	0	1	1	0	1	1	1	1	1	1	0
$R(D_4)$	0	0	0	0	0	1	1	1	0	1	1	1	1	1	0
$R(D)$	0	0	0	0	0	1	1	1	1	0	1	1	1	1	1
$R(P_1)$	0	0	0	0	0	1	1	1	1	1	0	0	0	0	1
$R(P_2)$	0	0	0	0	0	1	1	1	1	1	0	0	0	0	1
$R(P_3)$	0	0	0	0	0	1	1	1	1	1	0	0	0	0	1
$R(P_4)$	0	0	0	0	0	1	1	1	1	1	0	0	0	0	1
$B(T)$	1	1	1	1	1	0	0	0	0	1	0	0	0	0	0

如果不考虑其他链接,只考虑传感器节点的损坏,则可以随机进行传感器节点的损坏,最后进行比较。在仿真计算过程中,考虑到战场中的损坏,分别对有无数据链两种情况下的链接进行随机切断,得出新数据,最后分别计算两种情况下的链接所构成的网络矩阵的特征值。

7.5.4 仿真及结果分析

7.5.4.1 仿真过程设计

为了研究案例中作战网络组织的节点在交战情况下导致的网络的演化过程,这里主要根据案例中编队网络的最大特征值来描述网络的抗毁能力和生存能力,研究编队有或无数据链条件下的网络适应性。图7-27所示为仿真验证的设计图。

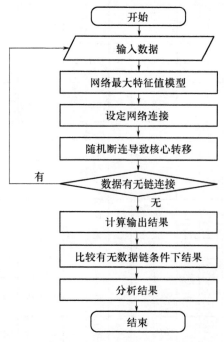

图7-27 交战网络效应仿真验证设计图

7.5.4.2 结果分析

根据图 7-27 中的步骤,这里用 C++Build 和 Matlab 对上述过程进行编程和运算。

(1) 分别计算有或无数据链两种条件下网络链接损坏 1~7 个链接时的特征值。计算结果如图 7-28 所示。

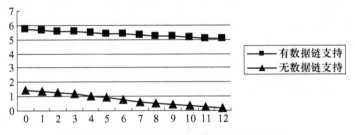

图 7-28 网络特征值与链接损坏数关系图

结果表明:无数据链条件下,随着网络链接的切断,网络链接逐渐减小,其特征值也越来越小,特别当网络损坏 5 个链接时,编队网络几乎瘫痪。而对于有数据链的情况,网络的性能很好,随着网络中链接的损坏,网络性能下降并不明显。

(2) 如果不考虑其他链接,只考虑传感器节点的损坏,则可随机损坏传感器节点,最后进行比较,结果如表 7-3 所列。

表 7-3 网络协同与节点损坏关系表

协同效果值	节点损坏期望数			
	0	1	2	3
有数据链协同	5.7417	5.2695	4.8769	4.5459
无数据链协同	1.4142	1.3161	1.1892	1
比值	4.06	4.00	4.10	4.55

有数据链条件下,协同作战的网络化效果是无数据链条件下的 4 倍。同时,有数据链条件下,传感器节点损坏对于网络效果影

响很小;无数据链条件下,传感器节点损坏对于网络效果影响很大,而且随着节点损坏数量的增加,其效果的比值逐渐增大,有数据链比无数据链效果更好。

在海军网络条件下的协同作战中,随着交战双方不断采取对策和作战进程的持续,外在的环境在逐渐变化。作战网络为了适应这个新环境,必须通过节点间的协同,对网络中的节点进行调整,不断建立新的链接,以便使作战最初配置的网络核心迁移,通过建立新的核心以适应新环境的变化。作战网络的核心迁移意味着描述网络性能效能的参数即网络的特征值发生变化,这种以网络最大特征值描述的协同作战模型在很大程度上成为研究协同作战能力的一种度量方法。

参 考 文 献

[1] David F Noble. Understanding and Applying the Cognitive Foundations of Effective Teamwork[J]. Evidence Based Research. Inc. Vienna Va. ,2004,23(4).

[2] Alberts Reka, Albert-laszlo Basrabasi. Statistical Mechanics of Complex Networks[J]. Reveiws of modern Physices,2002,74(1):47-97.

[3] Jeff Cares. Distributed Networked Operations:The Foundations of Network Centric Warfare[M]. Alidade Press,2006.

[4] 卜先锦,董文洪,等. 信息战条件下基于数据链的海军舰艇编队协同作战研究[R]. 海军航空工程学院,2007,12.

第8章 协同的度量与评估分析

由于协同变化所带来的多维性,使得协同的度量是一项十分困难的事情。协同是一个帮助决策制定、拟定计划实现同步的手段,这就要求组织分析人员设计并改进协同工具,了解协同、指挥、控制以及任务完成之间的关系,了解协同发生的环境,即部队的类型、任务类型、协同类型、何种工具支持等。

在前面采用了 Bayes 方法和信息熵的方法建立协同模型,这些模型对于指导协同以及帮助人们认识协同是非常重要的。协同作战是联合作战的一种形式,从参战要素的相互关系看,联合作战也是一种协同作战。联合作战是以协同及其理论为基础的,联合作战离不开协同。协同对作战组织的贡献,不仅体现在提高信息质量、指挥员认知等条件的层面,更重要的是协同在不同条件下形成的协同模式对作战效果的影响。

评估作战效果的方法通常有两种,一种是解析方法,对于作战组织的可定量的作战过程指标进行分解,并建立解析模型,对于难以定量的定性指标过程,采用专家评判的方法,给出评估值,最后对作战组织进行聚合,得出作战效果;另一种是仿真方法,对于系统的模型采用蒙特卡罗法,同时,对于作战组织中节点的决策行为,通过建立作战规则来加以描述,一定程度上也是一种定性定量结合。随着作战理论研究的深入进行,用规划论、排队论、对策论、存储论、图论等传统经典军事运筹学方法在研究协同作战的增值效应上受到了很大限制。以系统仿真为手段的研究受多种因素的影响,其复杂性又成为联合作战理论与方法的瓶颈。本章以海上编队协同为例,研究平台为中心和以网络为中心两种模式的军事组织协同度量问题。

8.1 协同的度量

8.1.1 协同度量层次

研究协同的目的就是有效地利用协同,这就需要进行实验验证。一项任务的完成结果,究竟有多少是协同带来的很难说清楚。可以明确地是:在本质上协同不是指挥与控制的目标,而是需要系统分析人员设计并改进协同工具,了解协同指挥与控制以及任务完成之间的关系,所以,协同是一个用于帮助指挥决策人员制定决策、编制计划以及实现部队同步的工具。

正像一般的平台为中心战的协同度量一样,其最大的难度在于决策指挥员的认知不一致性。以网络为中心的协同度量要分析其协同中信息的层次。一般来说,网络中心协同价值度量要分为4个层次,即信息的优裕度、可达度、指挥控制、信息价值[1],如图8-1所示。

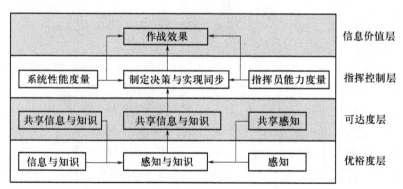

图8-1 作战组织协同价值度量

8.1.2 协同度量指标

8.1.2.1 信息优裕度

信息优裕度是 Evans 和 Wurster 在《信息元风暴》一书提出的

概念,是信息内容质量的度量,因为信息内容既存在于信息域中,又与指挥员的认知相关联,存在于认知域中。信息优裕度包括两方面的属性,一是独立于态势;二是依赖于态势。独立于态势约束的信息变量有4个,即正确性、一致性、适时性和精确性。正确性是指信息与真实状况一致的程度;一致性描述信息内部的一致程度;适时性描述信息的寿命周期;而精确性描述的是信息的精细、颗粒度。这些变量是可客观度量的,可用作战信息的并集来表示。依赖于态势的变量反映的是信息的效用,主要有相关性、完整性、准确性、及时性等[2]。

8.1.2.2 信息可达度

信息可达度是军事组织共享信息以及建立共享战场态势能力方面的度量,信息可达度定义为信息共享的程度。信息可达度可评估是否将信息分发给需要的指挥决策人员。信息可达度反映了个体受教育与培训的好坏程度、信息共享质量以及共享态势感知的合作过程。可达度的度量包括两个方面:一个是对可用信息的全部度量;另一个是基于可用信息的相关部分进行度量。信息优裕度和可达度的实现往往会产生矛盾,从作战经验看,对于信息的交换通常存在两种情况:第一是在有限的范围内交换丰富的信息;第二是在宽广的范围内交换有限的信息。这两者实际上就是信息质量和信息数量的问题。所以,需要在信息优裕度和可达度两者之间进行权衡选择。在平台中心战中,作战组织节点有限,指挥决策人员关心的是信息准确性的问题,也就是关注信息优裕度。而网络中心战中,随着军事组织协同范围的扩大,信息可达度越来越受到关注。不管怎样,这两者需要适当的交互,只有相互交互才能提高交互质量。图8-2所示为信息优裕度、可达度和信息交互质量的三维关系。

信息交互通常在信息域和社会域内完成,信息交互对作战指挥决策人员认识态势、协同方式等起重要作用。由于信息形式和信息本身的差异,所以,信息交互可能不相同。

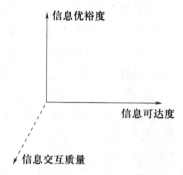

图 8-2 信息优裕度、可达度及交互质量

8.1.2.3 指挥控制与协同

指挥控制可帮助实现协同。本质上,指挥控制的好坏,可用作战组织中指挥员决策质量以及实现同步质量来度量。指挥控制过程的目的是有利于实现协同行动,指挥控制还包含了任务的规划和指挥决策。在实现协同的过程中,无论指挥还是控制,其真正的作用是完成作战决策。图 8-3 所示为指控产生决策过程对协同的影响。

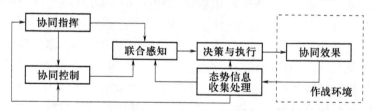

图 8-3 指挥控制对协同效果实现过程

在作战组织中,作战意图、确定任务和责任及关系、确定作战规则与限制范围、监视与评估态势及进展与完成作战任务的指控密切关联。在评估指控层为实现协同的贡献指标中,通常有指控系统的反应时间、速度等。

8.1.2.4 信息价值

信息价值是与能力相关信息的价值度量,即信息在完成军事任务时带来的能力以及利用该军事任务中的信息获得成功策略的能力。与平台为中心协同模式相比，网络为中心模式的信息系统在分层度量方面更加全面。在实际运用中，要利用作战组织中武器系统性能或者与任务有直接联系的信息质量体现价值链。主要在以下3个方面进行理解。

（1）网络为中心模式的作战组织拥有大量的信息节点和链接。这些节点和链接也会产生一定的价值。通常，对于价值链的中间连接不做度量，也不用参数来对它们进行描述表示。

（2）信息影响整个作战空间，但是对这些影响的性质起作用的因素却为数不多，就像前面提到和定义的"关键信息要素"，这些关键信息要素左右着正确决策的形成与执行。当然，如果不明确考虑价值链中的所有重要链接，就不可能准确地说明哪个信息有价值以及什么时候该信息没有价值。

（3）价值链中的弱连接没有表达清楚。从作战经验角度看，"比较高的信息质量有助于提高作战能力"的假设是一个连续的过程，这些假设最终在协同价值度量的4个层次中反映信息质量的效果以及影响。

8.2　作战组织指标分析

平台为中心的协同模式，本质上属于第二次世界大战时"跟着炮声行动"的协同模式，而以计算机发展为先导的信息技术在军事领域的广泛应用，不断地改变战争的形态和作战方式，使未来战争"迷雾"大大降低。但是网络条件下的体系对抗，双方的策略空间依然巨大，作战博弈复杂性更大，使得战争迷雾并没有得到根本性的降低。

海上编队组织在海上主要执行反潜、对水面舰艇、对空防御作战任务。在协同作战中，编队组织平台上的传感器、武器、指控设备、火力控制设备等可通过数据链连接，并灵活组合、实现信息共享，使编队分布于各作战平台上的装备组合成一个整体，这不仅提高了跨平台设备或装备间的协同作战能力,而且有效地提高编队组织的整体作战能力。

8.2.1 协同层次

编队组织的协同作战是子系统为了同一目标而进行的一种协调和配合。一般情况下,协同按照不同的目的有不同的划分,可以将协同作战按空间、时间、兵力、作战目标等划分,这些所有协同的基础是基于数据链通信技术和指挥员的认知能力。具有可视化的数据链终端将作战单元进行连接,使作战单元成为作战网络中的节点,并实现了信息共享。数据链的迅速发展为数据融合奠定了物质基础,促进了战场信息优势的构建,实现跨平台的武器指挥与控制,形成全编队统一作战态势。指挥员的认知能力是达成协同的关键。认知能力的一致性需要靠日常的训练、指挥员本身的经验以及与其他指挥员经常性的合作等。

在编队组织的协同分析中,通常,把编队的作战协同分为两个层次:一个是编队内部作战单元间的协同;另一个是编队与外部作战单元间的协同。编队内部协同是在编队指挥员及其指挥所的统一组织下,编队内各兵力(包括群、攻击组、舰船、舰载直升机)在作战行动上的整体协调配合。其目的是为达成编队内火力的相互补充和行动的密切配合,形成编队整体作战威力。编队内部的协同包括:编队内各群(或攻击组)之间的协同;编队内各群(或攻击组)中舰舰之间的协同;编队各作战单元与舰载机之间的协同等。编队与外部的协同是指编队与参战各军、兵种在作战行动上的整体协调配合。其目的是为了达成编队与其他力量的优势互补、作战空间的相互照应(阶段、时间)、作战效果的相互利用以及作战行动的相互配合,形成整体作战优势以取得作战的最终胜利。编队与外部的协同主要包括:编队与预警兵力的协同、编队与潜艇兵力的协同、编队与空中突击兵力的协同等。上述具体的协同层次存在于协同度量的 4 个层次之中。

8.2.2 协同内容

海上编队组织的协同过程依赖于环境的变化。尽管在作战前已经制定了周密详细的协同计划,但是面对复杂的战场环境,需要不断的对协同计划进行调整,实施随机协同。例如,编队作战中的某单元的传感器被损坏,探测目标的任务要由另外单元的传感器来担任。任务的转移使得整个编队作战网络的特性发生了变化,如果网络能够继续工作,说明编队网络系统具有一定的适应性和鲁棒性。但是当编队组织网络中的节点损坏过多时,从根本上改变了网络具有的性能,这时协同起来相当困难,所以,需要随机的临机协同,以达成作战目的。

海上编队组织最为主要的协同包括3个方面的协同,也是编队作战最为重要的协同。

(1)战场感知协同。即对参战作战子系统所具有的战场空间探测/侦察手段的统一协同控制与管理。

(2)指挥控制协同。即对参战的作战子系统统一协同决策与指挥,包括制定协同作战方案、协同作战和保障、协同指挥等。

(3)武器平台火力打击协同。对所有参战兵力、武器平台、武器系统实施统一管理,以达到整个组织的作战空间对敌火力打击的最大化。

编队的协同作战依赖编队基于数据链条件下的信息系统,最终实现信息优势到决策优势的转化,以及决策优势到火力优势的转化。

8.2.3 评估指标选取的原则

海军编队组织在数据链连接情况下,实现了信息共享,他们在遂行海上协同作战任务时,可用以下5个准则作为选取作战效果评估指标的参考。

(1)评估指标应该反映现代海战的本质特性。例如,数据链将各平台以及作战节点有效连接,实现编队作战节点的信息共享,同时具有指挥中心,即网络为中心的协同模式。

(2)评估指标应可最大限度地实施量化处理,且能反映海上编队对目标的打击效果。

(3)评估指标能够反映协同作战的实际情况,定义指标不仅明确可量化,且度量方法明确可实现。

(4)评估指标之间应相互独立,避免互相包含和交叉,非独立的指标可以通过指标约简进行修改。

(5)指标体系能够反映编队数据链条件下协同作战的整体特性,并且能够与平台为中心模式的协同作战效果进行比较。

8.2.4 评估指标分析

在信息作战条件下,基于数据链的编队组织的协同作战能力包含的内容很多,其中信息感知能力、指挥控制能力、武器共用能力、火力机动能力、防护力和火力打击能力是最重的能力。所以,在分析基于编队协同作战效果评估指标选取时,着重从以上几方面考虑。由于防护力是一种被动能力,体现不了积极的作战打击效果,故这里不考虑该指标。此外,基于数据链的海军编队协同作战将信息的感知、指挥员的决策以及火力打击作为一个整体来考虑。信息的感知力,直接受编队兵力部署的影响,而指挥控制直接受通信和控制范围的影响,火力打击也离不开兵力的机动。鉴于这种情况,可认为信息感知能力、指挥控制能力和火力打击能力已包含了机动力的因素,所以,这里也不考虑机动力。武器共用能力一定程度上反映了武器装备的可抗毁性,例如,跟踪雷达系统,当编队组织某跟踪雷达遭到毁坏时,其提供给武器系统的信息可利用数据链终端,由其他传感器系统替代提供。

8.2.4.1 战场感知能力

战场感知能力来源于编队作战舰船的传感器,协同作战中的决策优势和火力优势的形成主要依赖于战场感知的态势和实际战场态势相吻合的程度,当战场感知的态势和实际战场态势相吻合,表明战场感知能力强。这就是说,战场感知能力是其信息价值的体现,所以这里选取的子指标主要包括4个方面,即信息数量、信息感知度、信息准确度、信息时效性。信息数量取决于编队舰船平台获取信息的传感器探测的覆盖范围,它体现了编队在规定任务区域内战场感知态势中目标的种类及数量与实际战场态势吻合的程度。信息感知度很大程度上依赖探测器探测的空间范围,它体现了完成任务区域内战场感知态势中目标的种类及数量与战场客观态势相吻合的程度。信息准确度是指编队在任务区域内战场态势感知中目标特征与真实目标特征相符合的程度,信息准确度描述信息准确度的有效指标是信息质量,信息实效性是指作战空间态势感知信息满足编队对海上打击时间的度量。例如反潜作战中,潜艇属于时敏目标,发现潜艇的时间有限。如果打击潜艇之类的目标指示信息的最大时间为t,则从指示目标、信息传递、发射武器攻击直到命中目标的时间不能够超过t,超过这个时间,则意味着该打击无效。

8.2.4.2 武器共用能力

武器共用能力反映海上编队不同平台上的武器共用情况。例如,鱼雷在反潜过程中:一方面需要对潜艇目标监视,并及时提供目标指示;另一方面需要对鱼雷进行引导。这就需要不同平台或直升机协同来完成。武器共用能力有以下两方面要求:一是共用目标指示精度,不低于信息来源精度;二是武器共用反应时间,它直接影响编队的决策和武器装备火力的协同。

8.2.4.3 火力打击能力

编队组织作战目的是摧毁或损伤敌水面、水下和空中目标,这是分析编队作战火力打击能力的基础。例如在对敌水面舰艇(编队)进行导弹攻击时,对敌舰艇毁伤程度直接决定发射反舰导弹的数量。编队中反舰导弹因其射程远、打击精度高成为对海打击的主要武器,所以,编队可以利用共享的态势信息对敌水面舰艇(编队)实施超视距精确打击。

对于海上目标,在确定打击效果指标时,一般有"重创"或者"毁伤"两种情况,而对于空中目标,命中就意味着"击毁"。研究表明,对于海上目标的攻击,以重创作为毁伤目标的标准,既能取得较高的打击效果,又有利于达成隐蔽突然,先机制敌的战术目的。随着反舰导弹攻击能力的提高,对于中型水面舰艇来说,只要命中一枚导弹,即可使其重创,使其失去作战能力。而对于空中目标和水下目标,只要命中,就是击毁。因此,以"至少命中一枚"作为编队作战的打击效果指标是比较合理的。

鉴于这种情况,在主要评估指标选取时,可以用对海作战打击范围和命中概率作为打击能力评估指标,对空中目标也是如此。所以,火力打击能力包括有效打击范围和对目标的命中概率。

(1)有效火力打击范围取决于武器的射程和交战感知信息,它是探测设备能够提供交战感知范围和武器最大有效射程范围的重叠区域。在传统条件下,单个作战平台主要根据自身探测设备搜索、跟踪目标,自身探测设备探测距离的限制,武器的射程优势不能充分发挥。在数据链条件下,编队内可以实现作战空间态势感知信息的近实时的共享,各突击兵力可以发挥武器的射程优势。

(2)目标的命中概率。例如,在对海攻击中,客观上,影响反舰导弹命中概率因素包括反舰导弹自身性能和敌舰艇(编队)的防空作战能力。反舰导弹自身因素主要包括导弹的飞行高度、飞行速度、制导方式、末端机动方式等;敌方的防空作战包括舰空导弹拦截和近程速射炮对反舰导弹的拦截,还要进行电子干扰等。

8.2.4.4 节点组网能力

编队中参加作战的舰船通过数据链进行连接,实现彼此的信息共享,其组网能力包括以下7个方面。①信息传输速率;②网络结构,包括网状网或点对点;③网络中的节点数量;④抗干扰抗截获能力,即采用定向收发、跳频、扩频、信道纠错编码相结合的方式;⑤通信覆盖能力,包括无中继时舰对舰、舰对空通信距离和有中继时舰对舰、舰对空通信距离等;⑥传输延迟,主要包括岸基情报响应时间、海上编队的情报响应时间、岸对海之间情报响应时间、文电的延迟、文件资料查询时间;⑦分布式网络控制能力。

8.2.4.5 相对定位精度

相对定位精度是一个相对的量,主要指编队组织内的作战平台与敌方目标之间的距离精度、方位精度,对于空中目标还存在高低角精度。精度是准确性的尺度,受探测手段和自身地理位置精度的影响。

8.2.5 指标分析及约简

通过以上的分析可以看出,海军编队组织在协同作战中的7个指标概括了整个作战过程。战场感知能力、指挥控制能力、火力打击能力、武器共用能力、节点的组网能力以及相对定位精度。但是这些指标需要合并和约简。武器共用能力包含共用目标指示精度和武器共用反应时间两项内容,这两项内容的好坏最终影响命中概率,火力打击能力包含了武器共用能力,所以可将武器共用能力这个指标进行约简。指挥控制能力包括指挥作战范围、指挥作战成员数、指挥作战平台类型、具有分布式传感器协同控制能力以及分布式火力控制能力。这些能力从武器和人两方面反映,其最终通过认知域、信息域和物理域反映出来,即决策指挥员、武器装备、信息等综合。这里用指挥员数量、传感器协同能力以及在保证决策质量条件下的指挥控制时间加以度量。相对定位精度包括舰舷角精度和距离精度,这两项分指标是信息准确度的反映,所以可以被战场感知能力指标合并。节点组网能力,是编队作战平台和武器系统之间通过数据链的连接,由于海军编队的编成模式决定了平台指控系统的兼容程度,在不同平台武器系统的指控系统兼容性很差的情况下,它们之间的组网能力是有限的。节点组网能力指标中的信息传输速率、传输延迟和分布式网络控制能力3个指标可以被指挥控制能力指标合并,而抗干扰抗截获能力和通信覆盖能力指标属于编队武器系统的性能参数,可以通过命中概率和战场感知度中的信息数量来体现,所以这两项指标也被相应指标合并。所以,节点组网能力最终子指标可以通过网络结构和节点数量来体现。

8.2.6 评估指标模型

在指标评估中,一些指标可以通过定量的解析模型得出,而另一些则是一种定性指标,对于这类指标,通过专家之间的评判给出一个经验性的值。下面着重分析一些定量指标。

8.2.6.1 战场感知能力

战场感知能力从技术角度分析,可用信息感知度、准确度和时效性3个指标定量来刻画,体现在优裕度和可达度层次。

1. 信息感知度

信息探测能力是编队遂行作战任务时对作战信息空间的感知能力。它主要受编队内各平台探测设备(雷达或声纳)对海探测距离以及各平台的位置配置等因素的影响。记 Ω_i 为编队组织中第 i 个探测设备的水平探测范围($i=1,2,\cdots,n$);n 为编队信息系统中探测设备数。Ω_i 可由下式表示,即

$$\Omega_i = \pi R_i^2 \tag{8-1}$$

式中:R_i 为第 i 个探测设备有效探测半径。

当对空目标探测时,由于探测空间为一个半球,所以,探测空间为

$$\Omega_i = \frac{2}{3}\pi R_i^3 \tag{8-2}$$

当第 i 个探测传感器在预定区域进行搜索探测,对目标发现服从一定的概率分布,设搜索时段为 T,单位时间内发现目标率为常数 γ,则发现目标的概率为

$$p_{di}(T) = 1 - e^{-\gamma T} \qquad (8-3)$$

式中:$p_{di}(T)$ 为编队组织中第 i 个传感器发现目标的概率。

当 n 个多传感器组成传感器网络对目标进行探测时,其最优探测数据取决于多传感器不同的配置(一般分为独立配置、串行配置和混合配置3种)。通常,编队以网络为中心模式的传感器配置为混合配置,如海上编队舰船搭载的直升机和预警机等,在一定海域,要按照作战任务和规则进行前置部署,所以,直升机和预警机传感器实行的是并行配置,而编队舰船、直升机、预警机之间实行串行配置。

编队探测能力受传感器探测空间和目标发现概率两个指标影响。所以,在计算目标发现概率过程中需以探测空间范围为依据。如果考虑存在盲区,那么可对目标发现概率进行修正。设 Ω 表示作战半径为 R 的作战空间,当对海上目标探测时,则 $\Omega = \pi R^2$;当对空目标探测时,则 $\Omega = \frac{2}{3}\pi R^3$。如果在作战区域内存在传感器探测盲区,$\Omega_S$ 为编队探测空间,记 $\Omega_i^* = \Omega \cap \Omega_S$ 表示作战区域与第 i 个探测传感器覆盖范围的交集。在不能明确目标探测盲区位置时,可引入因子 ξ 对目标发现概率进行修正,这样便有

$$\xi = \left\| \frac{\Omega_S - (\Omega - \Omega_i^*)}{\Omega} \right\| \qquad (8-4)$$

式中:"$-$"表示集合运算;$\| \cdot \|$ 表示范数。

编队探测能力可表示为

$$C_S = 1 - (1 - P_D)^\xi \qquad (8-5)$$

式中:C_S 为编队探测能力;P_D 为传感器网络总探测概率,它取决于多传感器组成传感器系统的配置。

定义网络为中心模式和平台为中心模式下编队目标发现概率

分别为 P_D^* 和 P_D,这样取最大传感器发现概率为

$$\begin{cases} P_D^* = \max\{p_{di}(T) \mid p_{di}(T) \in f(p_{di}(T)), i = 1,2,\cdots,n\} \\ P_D = \max\{p_{di}(T), i = 1,2,\cdots,n\} \end{cases}$$

(8 – 6)

则编队探测能力反映了从传感器得到的对战场态势的认知的度量。

例如,假设编队组织作战半径为200km,则 $\Omega = 16746666 \text{km}^3$。设编队拥有预警机 G_1、舰船 B_1、B_2、B_3,直升机为 H_1,其传感器的探测半径为 R_i,通过 MATLAB 编程计算可得出结果。表 8 – 1 所列为编队协同组织中部分平台在平台为中心模式下感知能力。

表 8 – 1 平台为中心模式的探测能力

平台	R_i	Ω_i	Ω	Ω_S	P_{di}	Ω^*	ξ
G_1	300	56548668	16755161	56548668	0.90	16755161	3.38
B_1	150	7068583	16755161	7068583	0.90	7068583	0.42
B_2	60	452389	16755161	452389	0.90	452389	0.03
B_3	45	190852	16755161	190852	0.90	190852	0.01
H_1	110	2787640	16755161	2787640	0.70	2787640	0.17

在平台为中心模式下,编队使用 G_1 预警机,且节点之间相互独立,计算得 $\xi = 0.80$,$P_D = 0.81$,$C_S = 0.74$。在网络为中心模式下,编队组织作战半径为 200km,由于网络情况下预警机和编队舰船组网,按照式(8 – 4)、式(8 – 5)、式(8 – 6)计算,结果如表 8 – 2 所列。

表 8 – 2 网络为中心模式的探测能力

平台	P_{di}	G_1	Ω^*	ξ
B_1	0.9	282600	125600	2.25
B_2	0.9	282600	125600	2.25
B_3	0.9	282600	125600	2.25
H_1	0.7	282600	125600	2.25

将网络为中心模式和平台为中心模式两种情况进行比较得出的结果,如表8-3所列。

表8-3 两种模式下探测能力的比较

模式 参数	平台为中心模式 G_1	网络为中心模式 G_1
ξ	0.8	2.25
P_D	0.81	0.9
C_S	0.74	0.99

表8-3表明,以平台为中心协同模式下,编队探测能力采用G_1,由于平台模式下编队中的作战单元相互独立,导致探测能力降低。以网络为中心协同模式下,G_1半径取代了探测平台的探测半径,通过计算可以得出:$\xi=2.25$;$P_D=0.9$;$C_S=0.99$。表明采用G_1和B_1、B_2、B_3以及H_1进行协同探测,使得网络模式下探测能力大大提高。

2. 信息准确度

信息准确度是编队遂行任务区域内,在战场感知态势中,目标特征与真实目标特性相吻合的程度。信息的准确性指标取决于信息的获取、传输和处理这3个环节,主要包括目标特征准确性、目标跟踪准确性和信息分发准确性。

1) 目标特征准确性

利用探测设备自身特性来评价目标特征的准确性并对目标的特征属性进行评价。在编队执行作战任务中,在某时刻,当利用探测设备自身特性来评价目标特征时,其目标特征准确性可用下式表示,即

$$P_i = P_{Si} \cdot P_{Vi} \cdot P_{Ti} \cdot P_{Ii} \cdot P_{Fi} \cdot P_{Mi} \quad (8-7)$$

式中:P_i为第i个探测设备对目标特征准确性;P_{Si}为第i个探测设备的空间分辨力;P_{Vi}为第i个探测设备的速度分辨率;P_{Ti}为第i个探测设备的时间分辨率;P_{Ii}为第i个探测设备的识别精度;P_{Fi}为第i个探测设备的虚警概率;P_{Mi}为第i个探测设备的漏警概率。

当利用目标特征属性评价时,对整个作战空间,目标特征的准确性可用下式表示,即

$$Q_1 = \sum_{j=1}^{N} P_j / N \qquad (8-8)$$

式中:P_j 为第 j 个目标的信息感知准确性;N 为目标数量。

式(8-8)是通过探测系统的自身特性来表示目标特征准确性的,但是它不能够描述这种能力与作战任务之间的相关性。

处理信息是信息系统对战场客观信息的估计,所以,可假设 $G_i(t)$、$\hat{G}_i(t)$ 分别表示第 i 个目标在 t 时刻的真实值与估计值的向量,那么 $G_i(t)$ 和 $\hat{G}_i(t)$ 分别为

$$\begin{cases} G_j(t) = [g_{jk}(t)], (k \in \{1,2,\cdots,n\}) \\ \hat{G}_j(t) = [\hat{g}_{jk}(t)], (k \in \{1,2,\cdots,n\}) \end{cases} \qquad (8-9)$$

式中:n 为特征参数(位置、速度等)的个数;g_{ij} 为第 j 个目标第 k 个特征真实值;$\hat{g}_{ij}$ 为第 j 个目标第 k 个特征估计值。

第 j 个目标 t 时刻的第 k 个特征参数估计值与真实值偏差为

$$D_{jk}(t) = |\hat{g}_{jk}(t) - g_{jk}(t)| \qquad (8-10)$$

其期望值为

$$E[D_j(t)] = \frac{1}{n} \sum_{k=1}^{n} \frac{D_{jk}(t)}{g_{jk}(t)} \qquad (8-11)$$

显然,当 $E[D_j(t)]$ 越小,表示第 j 个目标 t 时刻的估计准确性越高。利用 $1 - E[D_j(t)]$ 表示 t 时刻 j 个目标的准确性,假设 t 时刻已正确发现了 m 个敌方目标,则 t 时刻传感器系统探测目标的平均准确性为

$$Q_1' = \frac{1}{m} \sum_{j=1}^{m} (1 - E[D_j(t)]) \qquad (8-12)$$

Q_1' 反映目标特征平均准确性。相对于第一种方法,这一方法仅仅通过观测数据来分析准确性,因此,它本质上反映的是某具体任务时目标特征的准确性。

2) 目标跟踪准确性

系统将传感器报告传送到融合中心进行融合分类,融合过程的主要目的是使报告信息对探测分类更加准确,对跟踪准确性的度量值 Q_2 取决于不同时刻跟踪目标数量,如果设时刻 $t-1$ 跟踪目标数的集合为 A_{t-1},目标个数为 $|A_{t-1}| = X_{t-1}$;t 时刻跟踪目标数的集合为 A_t,目标个数为 $|A_t| = X_t$,则对跟踪的评价取决于集合 $A_{t-1} \cap A_t$,当 $A_{t-1} \cap A_t = \emptyset$ 时,$Q_2 = 0$;当 $A_{t-1} \cap A_t = A_{t-1}$ 时,$Q_2 = 1$。因此,Q_2 可用下式表示,即

$$Q_2 = \frac{|A_{t-1} \cap A_t|}{|A_{t-1}|} \qquad (8-13)$$

3) 信息分发准确性

处理信息经过通信网络传输给每个用户,它对准确性的影响可通过某用户 l 能准确无误地从融合中心经过通信网络接收需要信息的概率来评价,即正确接收信息概率,记为 $P^l(t)$。它分为两个方面:一部分是融合中心在 t 时发送信息 $SeI(t)$ 的概率 $P_t^l(x = SeI(t))$;另一部分是 l 用户接收信息 $P_t^l(x = ReI(t))$ 的概率。由于这是一个条件概率,则分发对准确性的影响为

$$P^l(t) = P_t^l(x = SeI(t)) \cdot P_t^l(x = ReI(t) \mid x = SeI(t)) \qquad (8-14)$$

整个网络的正确接收信息概率为

$$P(t) = \prod_{l=1}^{N} P^l = \prod_{l=1}^{N} [P_t^l(x = SeI(t)) \cdot P_t^l(x = ReI(t) \mid x = SeI(t))] \qquad (8-15)$$

式中:x 为信息传输分布随机变量;$P(t)$ 为总概率。

综合考虑上述目标特征准确性、目标跟踪准确性和分发准确性的影响,则准确性指标度量可表示为

$$Q = [\omega \cdot Q_1 + (1-\omega) \cdot Q_2] P(t) \qquad (8-16)$$

式中:ω 为权重,根据任务需求给定。

3. 信息时效性

信息时效性反映了打击目标信息的时间延迟。目标指示时间

包括形成交战感知信息（即可直接用于火力控制的信息）时间和传递信息时间。对来自多个平台探测设备的目标信息进行信息共享形成编队信息，从而可以快速形成编队交战感知信息；另一方面，通过数据链可以瞬间完成目标指示信息传输，从而缩短目标指示信息的时间延迟。信息时效性可以用下式来近似表示，即

$$F = \frac{t_{\max} - t}{t_{\max}} \qquad (8-17)$$

式中：F 为信息的实时性，$F \in [0,1]$；$t_{\max}$ 为火力打击允许的目标指示信息的最大时间延迟；t 为目标指示信息的实际时间延迟。

实际上，信息的实时性与信息的新鲜度有关，老化的信息降低了信息的准确度。这里研究海上编队组织协同作战中，将网络为中心模式下的信息延迟设为 0。

8.2.6.2 指挥控制能力

指挥控制能力通过在物理域、信息域、认知域和社会域中实现的。在作战前，需要确定解决的问题，包括作战任务的确定、规则与限制以及资源的分配。一旦作战开始，则环境发生了变化，协同中这些变化需要有效重组，如表 8-4 所列。

表 8-4 指挥控制能力

域 名	指 挥 功 能
物理域	装备资源分配
信息域	信息资产
	信息访问
	信息共享
认知域	目的、作用、责任、规则以及限制
社会域	交互性质
	人员分配

指挥控制变量是决策权分配、指挥员之间交互模式和信息分发[3]。控制是执行指挥决策的一种调整,如果需要调整,则控制功能将在指挥确定原则内作出,控制的本质是保证作战环境内的具体作战元素值处于一定的界限内。控制可以有多种方式,包括直接和间接的方法。为了有效实施控制,控制方法需要与指挥方法相一致,控制的输入由指挥确定的初始条件组成,包括采取的方法及作战目的,控制的输出反映了作战目的以外的其他指挥功能,如图8-4所示。

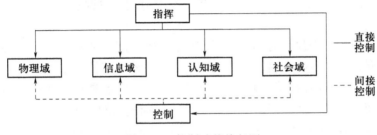

图8-4 控制功能执行图

对于在海上编队组织两种模式下的协同作战,这里将决策权的分配、指挥员之间的交互模式、信息的分发3个指控变量在协同度量的指控层中所表现的能力归结为协同指挥质量、传感器协同控制能力以及指挥控制的速度。

1)协同指挥质量

决策权的分配最终要体现为指挥来表现。协同指挥质量和指挥员数量以及指挥员的素质等因素相关。指挥员数量取决于编队的组成和武器装备,当指挥员越来越多时,协同起来的难度增加,一定程度上影响指控的速度,导致指控能力下降。

2)传感器协同控制能力

传感器之间的协同控制能力是信息技术条件下的产物,反映的是物理域中装备的实际情况和水平,假设以网络为中心的交互能力系数 β 表示,$0 \leqslant \beta \leqslant 1$,当 β 越大时,可认为指控能力越强,反之,则越小。

3) 指挥控制速度

指挥控制速度可以用从获取目标信息到对目标实施打击之间的时间来表示,包括4个方面:①排除情报方面的不确定性,即形成可以用于火力控制的态势信息所需要的时间;②对目标打击决策时间,理性指挥员根据作战空间态势感知信息做出最佳打击目标方案、选择方案,并在行动过程中不断修正所需的时间;③系统通信能力,即传达对目标打击命令及目标指示信息所需的时间;④作战兵力从接收命令信息到发射武器对目标打击之间的兵力机动时间。最能反映指控速度的量是反应时间、指挥决策时间、协同时间。

(1) 作战反应时间。这里假设作战单元数为执行任务的作战单元,它们完成指定任务的时间直接影响整个指控系统的反应时间。由于各参战单元执行任务的顺序不同,因而最终导致了反应时间的计算方法不同。假设一指控系统构成的网络用于协同作战行动,系统中的每一单元要完成一个或几个信息的处理任务,且单元完成任务的时间是不确定的。设参战单元数为 $k,k \leqslant n$,第 i 单元在时间 t 时完成任务的处理时间是服从指数分布的随机变量, $f_i(t)$ 为单元 i 在时间 t 完成任务的概率分布,则

$$f(t) = v_i \mathrm{e}^{-v_i t} \qquad (8-18)$$

式中: $1/v_i$ 为单元 i 完成任务的时间期望值。

设所有作战单元按照一定的顺序行动,则整个过程的总期望执行时间 T 等于网络关键路经上各个单元完成任务的时间之和 $\sum_{i=1}^{k} 1/v_i$,再加上终端攻击系统武器运动到终端区域所需要的时间 T_m,即

$$T = \sum_{i=1}^{k} 1/v_i + T_\mathrm{m} \qquad (8-19)$$

当单元的工作顺序为串行或并行时,期望的反应时间可以具体分析。如果定义 k 为关键路径所有节点数,那么系统反应时间

的期望值为

$$T_r = \sum_{i=1}^{k} \delta_i / v_i \qquad (8-20)$$

式中:节点 i 在关键路经上, $\delta_i = 1$;节点 i 不在关键路经上 $\delta_i = 0$ 。

(2) 指挥决策时间。通信和决策时间依赖于关键信息元素的信息质量。影响信息质量的因素主要有 4 个方面:第一,作战单元本身装备信息化能力的好坏以及处理信息的路径;第二,实施打击的单元决策时的整体协同程度。例如海上编队中的舰艇和潜艇按区域协同,保证在一定的时间内到达指定区域,如果多个舰艇和潜艇协同,则整体协同程度难,影响指挥决策;第三,决策单元访问网络中的其他作战单元时对作战态势的理解,例如编队中的指挥舰访问反潜直升机信息,对直升机的空间位置信息态势理解直接关系决策时间;第四,训练情况、人员素质以及协同训练时间的长短。所以,众多因素的影响导致决策时间是一个随机变量。这里引入知识函数的概念。打击目标所需要时间的不确定性主要体现在指控系统发现、处理、分发、决策时间不确定上。对网络节点 j ,假设节点 j 可利用的知识量为信息处理时间 $f_j(t)$ 分布中不确定的函数,这样对节点 j 的处理过程知道越多,那么与节点 j 协调的质量就越好。设时间 t 为某一节点 j 完成协同某一项任务的时间,其密度函数为 $f_j(t) = v_j \mathrm{e}^{-v_j t}$,记节点 j 在完成任务的信息熵 $H_j(t)$,由信息熵的定义,有

$$H_j(t) = -\int_0^{+\infty} \ln[f_j(t)]f_j(t)\mathrm{d}t = -\int_0^{+\infty} \ln(v_j \mathrm{e}^{-v_j t})v_j \mathrm{e}^{-v_j t}\mathrm{d}t$$

$$(8-21)$$

式中: v_j 为节点 j 完成任务的平均速度。

根据指数分布,积分可得 $H_j(t) = \ln(\mathrm{e}/v_j)$,如果 $v_{j\min}$ 对应于节点任务完成的平均最小速率,那么 $1/v_{j\min}$ 就对应于节点完成所有任务的最大期望时间。利用归一化的知识函数值 $K_j(t)$,定义知识与反应时间的关系如下:

$$K_j(t) = \begin{cases} 0 & (v_j \leq v_{j\min}) \\ \ln(v/v_{j\min}) & (v_{j\min} < v_j < v_{j\max}) \\ 1 & (v_j \geq ev_{j\min}) \end{cases} \quad (8-22)$$

如果知识很充分,则 $K_j(t)=1$。对于信息质量来说,如果把信息处理分发的质量作为某作战节点的知识函数 $K_j(t)$,则可以得到 $0 \leq K_j(t) \leq 1$, $K_j(t)$ 的值接近 1 表示信息质量高,而趋近于 0 表示信息质量低。

（3）协同时间。协同由网络中的作战节点和其他作战节点共享信息构成,这里引入图论中节点"度"的概念,所谓的度就是在一个有向图中,把节点作为终端节点的边的数量。例如,在图 8-5 中,节点 9 的度为 2,节点 6 的度为 4。

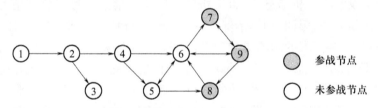

图 8-5 协同网络的连接度图

协同度依赖于作战单元相连接的节点的数量,即节点协同的机会的多少,表明协同质量越好。具体包括两个方面原因：一方面协同质量是为了协调指控系统作战单元表现出的集体决策智慧,减少完成任务所需要的时间;另一方面,协同质量可能对完成任务所需要的时间的减少不起到任何的效果,但可以为作战单元提供更多的利用时间的机会,有可能在最终提高作战效果。

由于每个节点的处理能力是不确定的,且每一节点可能对处理过程有特殊的贡献,所以除了考虑节点完成任务所需要时间外,还要考虑其他的因素,这些不确定的因素的综合形成了知识函数。对于一有向连接的网络,如果末端节点 i 与初始节点 j 节点之间有较好的交互质量,那么知识函数 $K_j(t)$ 将接近于 1,表明节点 j 能够给执行节点提供信息。如果 $K_j(t)$ 很大,则 $1 - K_j(t) \leq 1$ 会更小,再乘以完成任务的期望时间 $1/v_i$,将得到一个比实际反应时间小得多的反应时间。如果把 d_i 作为作战单元节点 i 的度,则协同质量对节点 i 贡献的表达式为

$$c_i(t) = \prod_{j=1}^{d_i} (1 - K_j(t))^{w_j} \qquad (8-23)$$

式中:当 j 是非作战节点时,$0 < w_j < 1$;当 j 是作战节点时,$w_j = 1$

指数 w_j 表示两协同的相对重要性。实际可能有更多的更准确的反映协同效果的表达方法,但需要做进一步的研究。对于指控系统某一关键路径,协同后整个作战时间为

$$T_c = T_r + T_m = \sum_{i=1}^{k} \left[\prod_{j=1}^{d_i} (1 - K_j(t))^{\omega_j} \right] \delta_i / v_i + T_m$$

$$(8-24)$$

有效的协同减少了完成任务时间的期望值,协同越好,平均时间减少的越多。减少了系统的反应和决策时间,意味着提高了指控速度,提高了协同的能力[4]。

8.2.6.3 节点组网能力

节点组网能力反映了系统性能质量,网络结构取决于编队遂行的任务。在数据链条件下的网络结构,认为该网络为完全连通网络。对于 n 个节点的网络,$\frac{1}{2}n(n-1)$ 为网络的连接数,实际网络链接数量为 $m \leq m_{max} = \frac{1}{2}n(n-1)$,$m_{max}$ 为最大连接数。网络结构的连接能力反映其在作战中适应性能力。

编队中,当节点数量大时,以网络为中心的协同,尽管网络不是非标度网络,但是由于节点完全连通,节点的组网能力强,抗毁能力也强。实际上小规模的全连通网络对协同作战更有利,可参看第 7 章。

8.2.6.4 火力打击能力

火力打击能力是作战效果的基础,反映了信息价值。

1. 有效火力打击范围

协同网络的有效火力打击范围取决于武器的射程和感知信息,它是探测设备能够提供感知范围和武器最大杀伤范围重叠的区域。在评估编队对目标有效火力打击范围时,可以用武器系统的平均发挥射程的程度来表示。记 ξ_D 为平均武器系统射程系数,则

$$\xi_D = \frac{1}{k} \sum_{i=1}^{k} \frac{D_i}{D_{i,\max}} \qquad (8-25)$$

式中:k 为编队协同组织网络中参战节点数;D_i 为编队 i 个武器系统对目标的有效打击距离;$D_{i,\max}$ 为编队 i 个武器系统对目标的有效打击最大距离。

2. 武器突防概率

主要考虑在对抗条件下,编队对目标攻击过程中反舰导弹的突防概率。包括突防敌方的电子干扰、火力对抗以及密集阵拦截。

3. 抗干扰能力

抗干扰能力是武器系统在信息战条件下不可缺少的指标,网络中不同节点在抗干扰过程中要相互照应,掌握好时机,这是协同在信息价值层次实现的终极。

4. 相互支援能力

网络协同作战最终要实现信息优势转化为决策优势,再转化为火力优势。火力优势需要在物理域实现,这也协同信息价值的实现指标。

8.3 指标体系及评估模型

协同的评估最终落实到协同效果上,由于涉及协同效果的一些因素涉及人的一些认知过程,难以定量描述,所以要完整地对协

同的评估很难。AHP 方法是一个评估定性问题的好方法。所以，作为一个案例，这里将根据上述的分析，在构建指标体系的基础上对定量的模型可以直接计算并进行归一化处理。

8.3.1 指标体系构建

1. 指标体系构建原则

由于协同作战的特殊性，对评估指标体系的构建需要遵循 4 个原则。①普适性原则，即评价指标体系力求具有普遍性、适用性，能较为广泛地适用于编队协同作战；②全面性原则，即评价指标体系力求具有较高的定量性，能较全面地反映海军编队数据链条件下的作战现状、发展能力，易于得出综合性结论；③整体性原则，即评价指标体系力求具有较完整的整体特性，能够反映一体化作战评估，易于得出结论；④可比性原则，即评价指标体系力求具有可操作性和可比性，能够较准确地反映海军编队协同作战的效果，可操作性强，与传统的指标具有可比性。

2. 评价指标体系构建

综上所述，海军编队协同可以包括 4 个方面的协同指标：战场感知协同、指挥控制协同、节点组网协同与火力打击协同。对应于编队协同作战系统主要有 4 个方面的能力，即战场感知能力、指挥控制能力、节点组网能力及火力打击能力。编队协同作战指标体系如图 8-6 所示。

8.3.2 评估模型

8.3.2.1 权系数确定

对于上述评估指标体系 4 个一级指标的重要性程度，下面采用本特征向量 AHP 方法确定。这里采用 Yaahp 软件对指标体系各级进行计算得出各级指标的权系数，如图 8-7 所示。

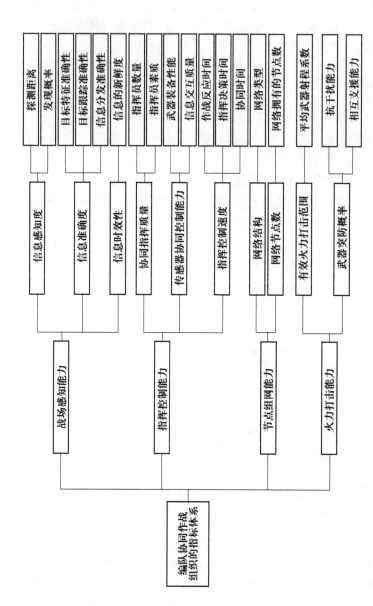

图 8-6 编队协同作战指标体系

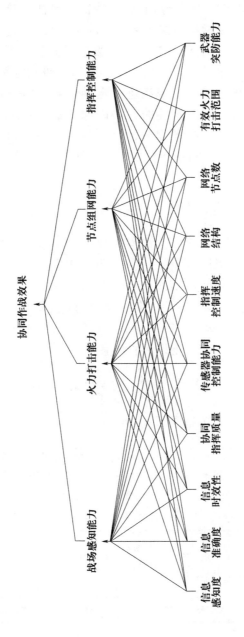

图 8-7 AHP 法求取权重的部分结构图

根据计算及专家的打分,基于本特征向量法计算理论,得出评价指标体系 4 个指标的权系数 $w_m(m=1,2,3,4)$。一级指标的本身的值由二级指标确定,由于一级指标的量纲不同,所以对于一级指标的值要进行归一化处理。对于二级指标和三级指标数分别可直接根据其数学模型进行定量计算,并进行归一化处理。无法获得数据采用定性的方法进行度量,用 1、2、3 分别表示"一般"、"良"和"优"的得分,并作归一化处理后作为指标的二级或三级指标值。每项指标的定量值可根据案例实际进行计算给出。

8.3.2.2 模型的建立

设评价指标体系指标权系数为 w_{mij},一级指标数 $m=1,2,3,4$。二级指标和三级指标数分别为 i 和 j:$i=1,2,\cdots,i_m,i_m \in \mathbf{N},m=1,2,\cdots,4$;$j=1,2,\cdots,j_{m,i},j_{m,i} \in \mathbf{N},i=1,2,\cdots,i_m,m=1,2,\cdots,4$。

设各级指标定量计算后的归一化值为 $\bar{x}_{mij}:m=1,2,\cdots,4;i=1,2,\cdots,i_m,i_m \in \mathbf{N},m=1,2,\cdots,4;j=1,2,\cdots,j_{m,i},j_{m,i} \in N,i=1,2,\cdots,i_m,m=1,2,\cdots,4$。则评估的总值为

$$X = \sum_{m=1}^{4} \sum_{i=1}^{i_m} \sum_{j=1}^{j_{m,i}} \bar{x}_{mij} w_{mij} \qquad (8-26)$$

8.3.2.3 计算结果及分析

根据图 8 - 7 计算得出各级指标的权系数,并将各层指标系数进行归一化处理,这样,可以得出整个指标体系中所有指标的权重,如表 8 - 5 所列。

表 8 - 5 指标体系所有指标权重

备选方案	信息感知度	信息准确性	信息时效性	协同指挥质量	传感器协同控制能力	指挥控制速度	网络结构	网络节点数	有效火力打击范围	武器突防概率
权重	0.0897	0.0735	0.0735	0.0353	0.1173	0.0961	0.0859	0.0576	0.1671	0.204

对于图 8-6 所示第二层的 19 个子指标,也可以按照类似的方法通过 Yaahp 软件进行计算,得出子指标的权值,这里省略其列表,根据每个指标定量或者定性给定值的计算。根据公式 $X = \sum_{m=1}^{4}\sum_{i=1}^{i_m}\sum_{j=1}^{j_{m,i}}\bar{x}_{mij}w_{mij}$ 可得出平台模式条件下协同效果为 $X = 0.26$,而在网络模式条件下协同效果 $X = 0.54$。

结果表明,在特定编队编成和特定的军事专家评估下,网络模式下编队的作战效能大大提高,网络模式比平台模式协同作战效能几乎提高 1~2 倍。当然,由于这里计算的数据来源和设定问题,不能够保证结果的客观性,但是这里呈现的是编队防空协同作战的案例,旨在对两种协同模式下协同作战进行评估,具体详细的案例可见参考文献 5。

参 考 文 献

[1] Phillip B Evans, Thomas S Wurster. Strategy and the New Economics of Information [J]. Harvard Business Review, 9-10, 1997.

[2] Headquarters Effectiveness Assessment Tool "HEAT" User's Manual[J]. McLean, VA:Defense System, Inc. ,1984.

[3] The SAS-050(Studies, Analysis, and Simulation) was charered by NATO RTO[EB/OL]. http://www.dodoccrp.org.

[4] Bu Xianjin,Wensong, Zhong Wenhong Dong, et al. The Evaluation of Collaboration Effect Using the Command Control System Response Time [A]//Proceedings of International Conference of Modeling and Simulation[C]. Nanjing, China, August, 2008: 1-6.

[5] 卜先锦,董文洪,等,信息战条件下基于数据链的海军舰艇编队协同作战研究[R].海军航空工程学院, 2007,12.

第9章 协同作战设计及应用案例

协同是军事组织基础研究、日常训练、作战演习的重要内容，也是提高作战组织指挥员指挥能力必备手段，其魅力已多次被战争的实践所检验。美国、俄罗斯等军事强国在注重装备发展的同时，历来在战法上注重对协同的研究，这种对协同的重视无不深刻地催化着指挥员的指挥决策理念。

在强调协同作用的同时，作为一项基础性的研究，还需要通过实验进行验证分析。作战实验(Warfighting Experimentation)是一种有效的方法，它根据实验目的，有计划地改变作战实验中的军事力量、战法、作战环境等条件，考察各种条件下的作战进程和结局，从而认识战争规律并指导战争。作战实验需要在构建协同作战中，建立不同层次的控制，排除各种干扰，设计并处理单个或多个与结果有关的因素，最后构建或追踪变量间的因果关系。

本章在简单介绍有关实验设计的基础上设计一个想定案例，将仿真和解析方法相结合，以验证有或无协同情况下对作战效果的影响。

9.1 协同作战设计及方法

9.1.1 实验设计

实验设计有广义和狭义之分。广义的实验设计指进行实验研究的一般程序的知识，它包括从问题的提出、假说的形成、变量的选择等一直到结果的分析等一系列内容，它给研究者展示如何进行科学实验研究的概貌，试图解决研究的全过程。狭义的实验设计又称实验设计,是以概率论、数理统计和线性代数等为理论基础,科学地安排实验方案,正确地分析试验结果,尽快获得优化方案的一种数学方法,即实验的统计设计及相应的统计分析。通常,实验设计是指广义上的实验设计的概念,而将狭义的实验设计称为实验设计。

实验的关键在于设计,实验设计是实验过程的依据,是实验数据处理的前提。协同作战仿真分析实验是体系对抗仿真实验,它强调对整个仿真实验活动的准备与规划,即在设计内容上需要扩展,从统计实验设计的试验点安排扩展到问题设计、试验方案设计、仿真想定设计和对整个实验流程的设计。系统仿真实验设计的核心是实验点的设计。一般有两种设计策略:一种是整体设计,即在实验之前设计出实验点,并对所有试验点进行逐一仿真,再利用相应的数据分析方法分析数据得出结论;另一种是序贯设计,即给出初始实验点并进行仿真,根据仿真结果利用一定的优化策略寻找下一个试验点并进行实验,直到最终得出符合要求的优化实验结果。

9.1.2 实验方法

实验设计方法是指实验的统计设计方法。最初由英国学者费希尔(R. A. Fisher)创立。随着科技的进步,实验设计方法已经得到了广泛的发展和完善,以至于实验设计在军事上得到运用。实验设计方法主要有以下几种:

1. 因素实验方法

根据实验因素的多少,把实验设计方法分为单因素实验和多因素实验设计。常用的单因素实验设计方法有均分法、对分法、黄金分割法等。常用的多因素实验设计方法有拉丁方设计、析因设计、正交设计、均匀设计、回归设计等。其中,拉丁方设计(Latin Square Design)最具魅力,是析因设计、正交设计、均匀设计等现代实验设计方法的起源和基础。析因设计(FactorialDesign)也称为因子设计,是一种多因素的完全实验,是欧美各国所使用的主要的实验设计方法,用于分析两个或多个因素的主效应和交互效应。正交设计和均匀设计都是部分析因设计方法。

2. 仿真优化方法

仿真优化方法是研究基于仿真模型的目标优化问题,是一种序贯实验方法。它将仿真视为一个黑箱系统,基于仿真模型给出的输入/输出关系(性能),通过优化算法进行迭代式的仿真试验来得到最优的输入量,使输出结果为最优解或满意解。仿真优化方法根据其采用的优化算法的不同,可以分为基于梯度的方法、随机优化方法、响应曲面法、启发式方法和统计方法等5类以及这些方法的组合。

3. 体系对抗仿真实验方法

体系对抗仿真实验方法与一般的系统级实验存在本质性区别。体系对抗仿真实验的研究对象是"体系",不仅存在输入参数的不确定性,还存在体系结构的不确定性,致使常用的实验设计方法和仿真优化方法不能直接应用于体系对抗仿真实验。目前主要用于体系对抗仿真试验方法为空间分割法、探索性分析方法以及基于探索性分析与评估体系对抗仿真实验方法。特别是第三种方法将探索性分析方法和体系对抗仿真相结合,同时通过采用多分辨率建模仿真的方法或自顶向下的探索性分析和自底向上的综合集成评估相结合的方法,逐步缩小问题空间,提高了复杂问题的分析能力。

4. 解析法

在分析对抗双方作战过程的基础上,建立解析数学模型,通过数据的计算得出可能的结果。本章将解析方法和仿真方法相结合,针对一个案例,研究协同对作战效果的影响。

9.2 背景及作战过程描述

协同作战是由两个以上作战组织围绕统一的作战意图在时间、地点、空间上相互协调一致的作战行动。协同作战节点多、指挥关系复杂、方案选择空间大。特别是对作战方案空间的设计,如果过分强调典型情况下"一个方案、多种组合,无数变化",而未采用现代实验设计理论进行优化,则容易导致方案的合理性、可行性、科学性受到质疑。实际上,想定方案空间的构成是通过设计双方关键实验要素组合实现的,假定敌方方案一定,如果我方的实验要素过多,且每个因子的"水平"也多,则作战方案可能出现组合爆炸问题。既增加了实验方案空间,也增加了运筹分析的难度。

本章案例以潜艇和海上预警机协同打击敌方水面舰艇编队为例,以敌方编队在典型航路、攻击策略等战场环境下,突出潜艇在预警机信息支持下协同打击敌方水面舰艇目标。这里设红方的兵力为潜艇、预警机,蓝方的兵力为水面舰艇编队[1-2]。

9.2.1 背景描述

在封锁作战中,为了确保潜艇的隐蔽性,一般先由岛屿观察所、无人机或预警机等外部探测器为潜艇提供目标位置和速度信息,潜艇可在此信息的引导下机动接敌,然后利用其本身探测器对目标进行探测并进行打击。所以,潜艇从外部探测器接收信息的质量优劣直接影响着潜艇是否有机会对目标进行打击。

根据潜艇自身探测器探测距离与武器打击距离的关系,这里分两种情况研究预警机探测范围、探测目标位置和速度信息的精确性、通信时间延迟等信息质量指标对潜艇封锁作战能力的影响。其编成和态势如图9-1所示。

假定红方某潜艇完成占位后,在封锁区域中心静默,红方外部探测器在隐蔽处对预定范围进行探测。当探测到蓝方水面目标后,将目标的位置和速度信息通过长波不落地或其他手段与潜艇进行单向通信。假定由于红方保密措施得当(实际上这一行动是很危险的),蓝方水面目标对这一切毫无觉察,仍然保持原来的速率和航向运动。红方潜艇经过一定时间延迟接收到外部探测器的探测信息。经计算,如果蓝方水面目标经过封锁区域,则潜艇向蓝

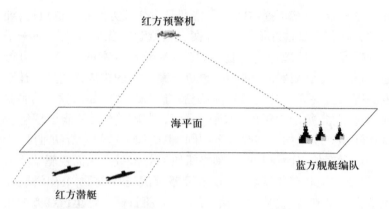

图 9-1 红方潜机协同打击蓝方舰艇编队示意图

方水面目标运动的航路捷径方向机动。当潜艇到达机动目的地占位后,并开启自身的探测器对目标进行探测,并寻机打击。

9.2.2 作战过程

9.2.2.1 无预警机协同潜艇作战过程

潜艇是隐蔽性极强的平台,潜艇和预警机协同打击水面舰艇目标是协同技术在军事组织协同中的具体应用。在没有预警机协同的情况下,由于潜艇探测目标的距离有限,作战能力大大受限。潜艇作战过程基于以下假设。

(1) 潜艇声纳发现敌舰船后,可运用鱼雷对敌方进行攻击。

(2) 长波通信的最短周期为 1h。

(3) 如果最后一次长波通信 2h 过后潜艇还没有搜索到敌舰船,那么就意味着任务失败。

潜艇作战过程如下:

潜艇根据上级作战要求,在某海域隐蔽设伏,在预定地点占位等待命令。在没有预警机协同的情况下,信息和命令的获得依赖于岸上指挥部对敌情的观察和分析,然后将信息和指令通过转换长波的方式发给潜艇,潜艇在接受到信息和指令后,测量并计算自身位置与目标距离。如果该距离大于潜艇武器的攻击距离,则一方面根据射程和目标的位置进行机动;另一方面根据声纳的探测能力机动到合适的位置,最后根据自身与目标的距离决策是否实施鱼雷或反舰导弹打击。在发射完鱼雷或反舰导弹后,潜艇撤出战场。具体过程如图 9-2 所示。

9.2.2.2 有预警机协同潜艇作战过程

在有预警机信息支持下,潜艇作战过程主要是基于以下假设:
(1)潜艇接受长波信号的最短时间间隔为 20min。
(2)潜艇只能通过释放小浮标在海上接受信息。
(3)当潜艇不采用超视距攻击时,将不升起小浮体。
(4)潜艇在采用非超视距攻击搜索敌目标的时间不能超过 2h,否则意味失败。

鉴于这种情况的分析,可以认为在有预警机协同情况下,潜艇在打击目标时,信息上得到了预警机的支持。具体作战过程是:潜艇根据上级作战要求,在某海域隐蔽设伏,在预定地点占位等待命令。在有预警机协同的情况下,预警机在高空发现了蓝方舰艇编队,并将测得的有关信息发送到岸上指挥部,指挥部在对蓝方目标进行分析后,将目标有关信息和指令通过转换长波的方式发给潜艇,潜艇在接受到信息和指令后,测量并计算自身的位置和目标的距离。如果该距离大于潜艇武器的攻击距离,则一方面根据射程和目标的位置继续进行机动接敌,到达指定地点待机,同时升起小浮体天线在海面上,预警机将目标现在点信息通过数据链直接进行广播,小浮体收到信息后,即可发射潜射反舰导弹实施攻击。如果属于超视距攻击,则预警机负责协同制导,确保潜射反舰导弹的精确命中。另一方面根据声纳的探测能力机动到合适的位置,最后根据自身与目标的距离决策是否实施鱼雷打击。在发射完鱼雷或反舰导弹后,潜艇撤出战场。具体作战过程如图 9-3 所示。

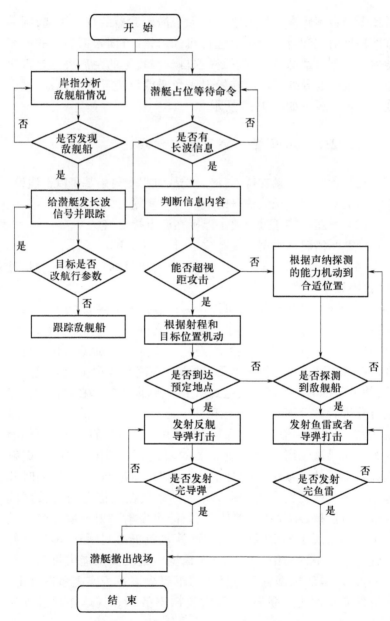

图9-2 无预警机协同下潜艇作战过程

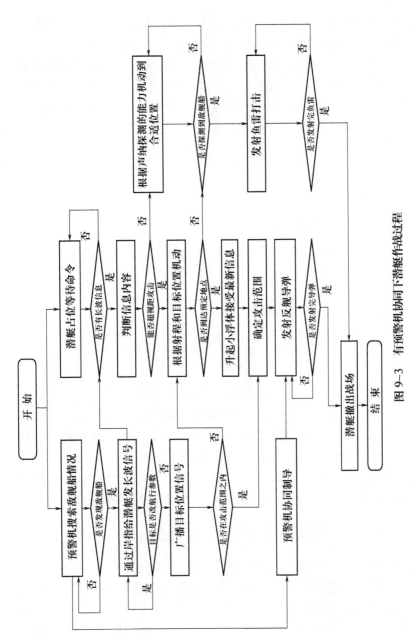

图 9-3 有预警机协同下潜艇作战过程

在有预警机协同的情况下,潜艇对水面舰艇的作战依赖两种协同:一种是预警机协同发现蓝方目标,并将目标信息传送到岸上指挥部进行处理,以长波的方式发送给潜艇,这种协同目的是给潜艇提供信息支持;另一种是协同制导,即在超视距攻击条件下,为潜艇发射的反舰导弹制导,精确将反舰导弹引向目标,如图9-4所示。

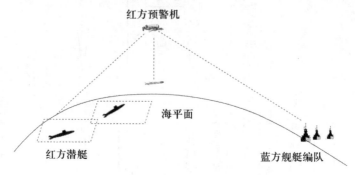

图9-4 预警机协同制导示意图

9.3 数学模型的建立

由于潜艇对目标打击时可以利用不同类型的武器(鱼雷或反舰导弹),因此,潜艇自身的探测器探测距离和武器打击距离之间可能存在着两种不同的关系:一种是探测距离小于潜艇武器的打击距离;另一种是探测距离大于潜艇武器的打击距离。这两种关系决定了潜艇在具体的打击过程的差异。因此,可分两种情况对信息质量对潜艇打击水面目标概率的影响进行建模与分析。

9.3.1 探测距离小于打击距离条件下的模型

在潜艇探测距离小于武器打击距离的条件下,潜艇的打击范围会受探测范围的制约。在不考虑潜艇自身探测到目标与打击之间的时间间隔的情况下,可认为潜艇发现概率等于打击概率。这里,以封锁区域的中心为原点,以长边平行线为 x 轴,宽边平行线为

y 轴建立直角坐标系,如图 9 – 5 所示。图 9 – 5 中相关符号意义如下:长方形表示封锁区域;以 $|OE|$ 为半径的圆表示红方预警机探测系统能够提供的探测范围;以 $|OB|$ 为半径的圆表示潜艇最大安全机动范围;以 $|OD|$ 为半径的圆表示机动条件下潜艇自身探测器的最大探测范围;$|BD|$ 表示潜艇自身探测器的最大探测距离;坐标轴与封锁区域上边的交点为 M,与封锁区域右边的交点为 L。

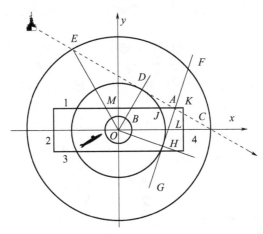

图 9 – 5 探测距离小于打击距离时封锁区与目标的位置关系

在图 9 – 5 中,根据潜艇的作战过程,假定 $\overrightarrow{EC}$ 为蓝方目标航向,潜艇没有收到信息之前在 O 点静默待命。当蓝方水面目标进入到红方探测系统探测范围,即到达 E 点时,红方预警机将实施探测,并将蓝方水面目标的位置和速度信息传送到潜艇,设此时为 $t_0(t_0=0)$ 时刻,由于潜艇接受信息通常采用定时接受,设信息传输延迟为 t_1。潜艇收到信息后在航路捷径方向上机动于 B 点,设潜艇机动时间为 t_2。潜艇到达机动目的地后展开占位并开启自身的探测器,设展开占位的时间为 t_3。潜艇展开占位完成时,目标运动到达中间圆上的 D 点(该点就是潜艇航路捷径和中间圆圈的交点)。

信息延迟影响打击蓝方水面舰艇目标的概率的机理在于:当 $|OE|$ 不变时,信息传输延迟使得潜艇能够进行有效机动的时间减少,引起 $|OB|$ 减小,减少潜艇的有效探测范围 $|OD|$,从而影响了

潜艇的打击目标概率。模型中的参数和相关假设说明如下:

(1) 不考虑潜艇的加减速过程,潜艇的机动近似看做匀速直线运动。

(2) 在封锁区域四条边上任一点蓝方水面目标进入概率是相等的,即在任一点上任一方向上蓝方水面目标进入的概率也是相等的,并服从均匀分布。

(3) 潜艇自身探测器水下探测能力和蓝方目标对潜艇的探测能力相当。

(4) 潜艇利用自身的探测器探测到目标后,可对目标进行打击。

(5) $t_0=0$ 时刻蓝方水面目标在 E 点,潜艇在 O 点。

(6) t_1 时刻潜艇收到己方外部探测器发送的目标信息,传输延迟为 t_1。

(7) 从 O 点机动到 B 点的时间为 t_2。

(8) 潜艇在目的地展开占位的时间为 t_3。

(9) 蓝方水面目标航速为 v_{b-ship}。

(10) 红方潜艇水下机动的速度为 v_{r-sub}。

(11) 红方外部探测器探测距离为 R。

(12) 红方潜艇自身探测器的探测距离为 r。

具体的建模过程如下所述。

9.3.1.1 确定潜艇最大的安全机动范围

本节确定$|OB|$的值,根据图9-5,得

$$R^2 = |OD|^2 + |DE|^2 \tag{9-1}$$

根据时间关系,有

$$\frac{|DE|}{v_{b-ship}} = t_1 + t_2 + t_3 = t_1 + t_3 + \frac{|OB|}{v_{r-sub}} \tag{9-2}$$

根据位置关系,有

$$|OD| = |OB| + r \tag{9-3}$$

$$R^2 = (|OB|+r)^2 + \left[\left(t_1+t_3+\frac{|OB|}{v_{r-sub}}\right) \times v_{b-ship}\right]^2$$

$$\text{s.t.} \begin{cases} |OB| > 0 \\ t_1, t_3 > 0 \end{cases}$$

$$\tag{9-4}$$

求解式(9-4)可以求出$|OB|$。

9.3.1.2 潜艇机动后自身探测器的探测范围

求解潜艇机动后自身探测器的探测范围就是求解$|OD|$的值,$|OD|=|OB|+r$,以$|OD|$为半径画出探测器探测范围,潜艇探测范围与封锁区域上边的交点为J点,并且求出J的X轴坐标。

1. 目标从 MK 区间进入时潜艇的打击概率

从图9-5中可以看出,在确定$|OD|$的值(即探测范围)后,蓝方水面目标从不同的封锁区域边界进入封锁区域时,潜艇能够打击它的概率不同。例如,潜艇从 MJ 中某点进入封锁区域,无论蓝方目标进入方向如何变化,潜艇都能发现目标,从而进行打击。但是,目标从 JK 中某点进入封锁区域,目标进入方向中将有部分能被发现,部分不能被发现。因此,需要计算蓝方水面目标从 JK 中某个点上进入封锁区域时被潜艇打击的概率。从 JK 中任取一点A。设目标从 A 点进入封锁区域时被潜艇打击的概率为$f_{JK}(x)$。过 A 点作外圆的两条切线 AD 和 AH,其中 A 点在 ED 延长线上。如果目标在右舷角$\angle CAH$范围内运动时,则认为目标会被红方潜艇发现,如果大于该范围,则不会被红方潜艇发现。所以,有

$$f_{JK}(x) = \frac{2\arcsin[(|OB|+r)/\sqrt{|KL|^2+x^2}]}{\pi} \quad (9-5)$$

因此,当目标从线段 MK 中某个点进入封锁区时,被潜艇打击概率的积分可以表示为

$$P_{MK} = \int_{x_J}^{x_K} f_{JK}(x)\,\mathrm{d}x + \int_{x_M}^{x_J} 1\,\mathrm{d}x =$$
$$\frac{2}{\pi}\int_{x_J}^{x_K}\arcsin[(|OB|+r)/\sqrt{|KL|^2+x^2}]\,\mathrm{d}x + |MJ|$$
$$(9-6)$$

式中:P_{MK}为目标从 MK 区间中某点进入封锁区域时被潜艇打击的概率;x_J为 J 点的横坐标;x_K为 K 点的横坐标。

2. 目标从 *KL* 区间进入时被潜艇打击的概率

分两种情况：一是从任何方向及区间进入都被潜艇发现并打击；二是可能被发现，可能不被发现。同样，可求出目标从 *KL* 区间中某点进入封锁区域时被潜艇打击的概率积分 P_{KL}。

9.3.1.3 求解潜艇对目标的打击概率

由于图 9-5 是个关于 x 轴和 y 轴对称的图形，所以，第一象限中潜艇打击目标的平均概率为潜艇打击蓝方水面目标的概率，即

$$p_{\text{attack}} = \frac{P_{MK} + P_{KL}}{|MK| + |KL|} \qquad (9-7)$$

9.3.2 探测距离大于打击距离条件下的模型

当潜艇探测距离大于打击距离时，由于事先假定开始时潜艇和目标探测能力相当。为了确保潜艇自身的安全，当潜艇和目标之间的距离小于潜艇探测距离时，应确保潜艇处于静默探测目标的状态，而不是处于航行状态。所以，当潜艇探测距离大于其打击距离时，需要满足如图 9-6 所示的关系。

潜艇到达 B 点展开占位后目标刚好到达 Q 点（即目标艇航向和潜艇有效探测范围的交点）。以 OQ 为半径作圆并与航路捷径方向交于 N，以 OD 为半径的圆仍然基于探测距离小于打击距离条件。这种情况下，潜艇在 B 点等待打击机会的时间不仅包括潜艇展开占位的时间，还应包括目标从 Q 点运动到 D 点的时间。把目标从 Q 点运动到 D 点的时间记为 t_{QD}，把潜艇在 B 点的等效等待时间记为 t_3'，则有

$$t_3' = t_3 + t_{QD} = t_3 + \sqrt{|BQ|^2 - |BD|^2}/v_{\text{b-ship}} \qquad (9-8)$$

仍然基于 9.3.1 节的计算公式，把式(9-8)中的 t_3' 替代式(9-4)中的 t_3，即可求解当潜艇探测距离大于打击距离时的打击概率。

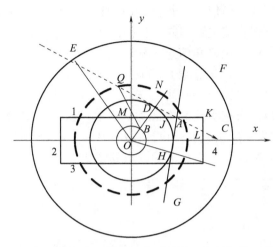

图 9-6 探测距离大于打击距离时封锁区与目标位置关系图

9.4 仿真结果及分析

9.4.1 实验次数的确定

潜艇的打击概率是潜机协同打击蓝方目标的关键,打击概率的提高与潜艇武器装备的配置、性能、数量、协同指挥关系有关。所以潜艇的打击概率的试验设计要固定一定的条件,这些条件是设定蓝方编队规模状态、我方武器装备部署、预警探测空间等。通过调整改变红方潜机协同关系、预警装备数量来提高协同打击概率。

将蓝方编队的队形设定不变,由于蓝方编队的运动速度直接关系到红方潜艇能否在实施有效机动范围内进行打击,所以将编队的运动速度和方位作为实验因子或要素,同时,将速度实验因子定义为 5 个水平,而将方位也取 5 个水平,该值保证了蓝方的编队进入我潜艇的有效攻击范围,这样蓝方的实验次数为 2 因素 5 水平共 25 次。对于红方,其作战为潜机协同,其中探测距离最为重要,由于潜艇的通信依赖于长波,在信息的转换中,存在时间的延迟,且这种延迟直接关系到蓝方目标的预定位置。所以,鉴于这种考虑,这里将探测距离和信息传输的延迟作为实验因素。设探测距离实验水平数为 10,信息传输延迟的水平数也为 5,这样红方的实验次数为 2 因素 5 水平,共 25 次。将红方和蓝方的实验水平进行组合,可得出所有实验的次数为 625 次。这样的实验次数是不合适的。如果采用正交实验设计,取 $L_{25}(5^6)$,则 25 次实验就可以完成,其中 4 个因素 5 个水平的取值如图 9-7 所示。

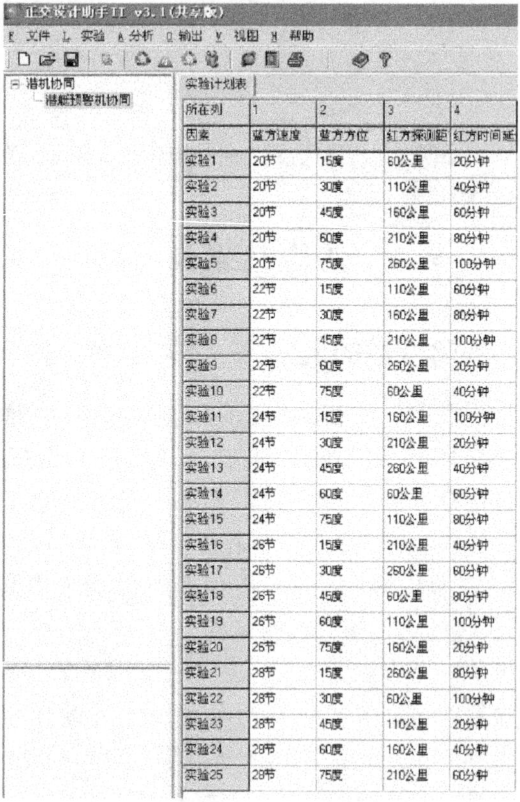

所在列	1	2	3	4
因素	蓝方速度	蓝方方位	红方探测距	红方时间延
实验1	20节	15度	60公里	20分钟
实验2	20节	30度	110公里	40分钟
实验3	20节	45度	160公里	60分钟
实验4	20节	60度	210公里	80分钟
实验5	20节	75度	260公里	100分钟
实验6	22节	15度	110公里	60分钟
实验7	22节	30度	160公里	80分钟
实验8	22节	45度	210公里	100分钟
实验9	22节	60度	260公里	20分钟
实验10	22节	75度	60公里	40分钟
实验11	24节	15度	160公里	100分钟
实验12	24节	30度	210公里	20分钟
实验13	24节	45度	260公里	40分钟
实验14	24节	60度	60公里	60分钟
实验15	24节	75度	110公里	80分钟
实验16	26节	15度	210公里	40分钟
实验17	26节	30度	260公里	60分钟
实验18	26节	45度	60公里	80分钟
实验19	26节	60度	110公里	100分钟
实验20	26节	75度	160公里	20分钟
实验21	28节	15度	260公里	80分钟
实验22	28节	30度	60公里	100分钟
实验23	28节	45度	110公里	20分钟
实验24	29节	60度	160公里	40分钟
实验25	29节	75度	210公里	60分钟

图 9-7 基于 $L_{25}(5^6)$ 4 个正交设计表

注:图中 1 公里 = 1000m。

通过正交设计可以将 625 次实验减少为 25 次,大大减少了实验次数。但是在案例中也应看到:对于蓝方目标的方位在设定水平时仅仅设定航向角的 5 个水平是不够的,而红方的探测距离和时间延迟也不能够用 5 个水平就可以描述的。总之,这里采用正交实验对于正确描述红蓝双方的对抗也是不够的,需要将正交实验和解析计算仿真相结合,根据正交实验结果来确定关键要素,然后固定其他实验要素,设定关键要素的取值范围,通过仿真计算,得出所要求的结果,并对结果进行分析。其具体过程思路如图 9-8 所示。

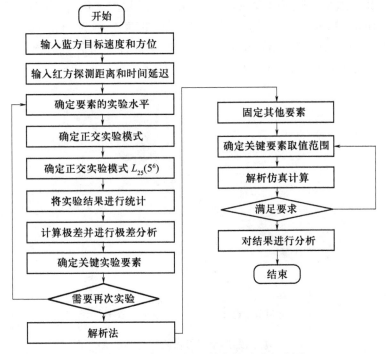

图 9-8 正交和解析相结合的试验方法图

9.4.2 仿真结果分析

鉴于这种分析,本案例在正交实验的基础上,确定的关键要素为预警机探测范围、信息的延迟、蓝方目标的速度 3 个要素,其中前两个要素最为重要。因此,这里利用某实验中心开发的"NFC海战仿真系统"和解析方法,根据红方潜机协同打击蓝方水面舰艇编队目标的过程,利用 Matlab7.0 计算在潜机协同条件下对蓝方编队的打击概率。仿真数据如下:根据潜舰导弹被动声纳引导攻击研究,取蓝方水面目标运动速度为 20n mile/h,潜艇速度取 8n mile/h,潜艇占位时间为 20min,潜艇探测距离取 35km,潜艇封锁区半长 30km,半宽 70km。

为了研究有协同或无协同两种情况下潜艇打击概率的影响,让红方预警机探测范围在 60~120km 的区间内变化,信息传输延迟在 0~100min 内变化,当蓝方目标的速度分别为 18n mile/h、20n mile/h 和 22n mile/h 条件下,通过软件计算得到红方潜艇打击目标的概率,如图 9-9 和图 9-10 所示。

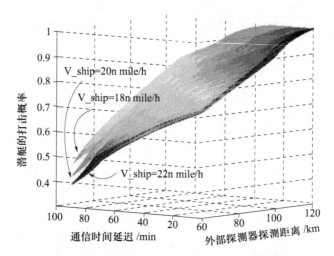

图 9-9 探测距离小于打击距离时的仿真结果

图 9-9 和图 9-10 都有 3 个曲面,从上至下是蓝方水面目标速度分别为 18n mile/h、20n mile/h 和 22n mile/h 的条件下红方外部探测器探测范围和通信延迟对潜艇打击概率的影响曲面。从图 9-9 中可以发现,红方外部探测器和通信延迟对潜艇的打击概率

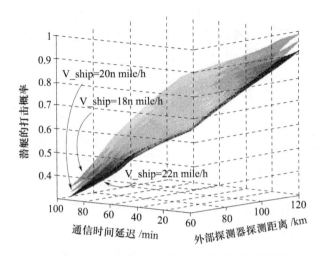

图 9-10 探测距离大于打击距离时的仿真结果

影响较大,在外部探测器探测范围为 90km 的条件下,0 延迟和 100min 延迟导致的潜艇打击概率相差 0.3 左右,如图 9-11 所示。

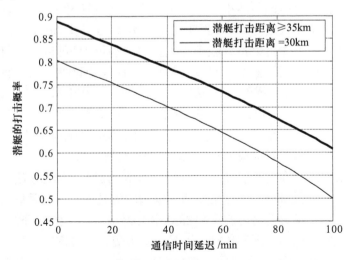

图 9-11 90km 时打击概率与通信延迟的关系

在通信延迟为50min的条件下,60km和120km的探测距离导致的打击目标的概率差在两种情况下也相差0.3左右,如图9-12所示。

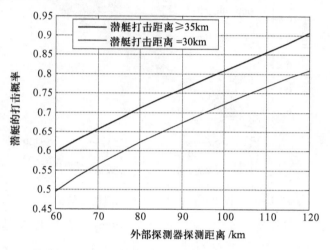

图9-12　50min延迟时打击概率与探测距离的关系

在预警机探测距离小于和大于打击距离这两种情况下,其测位误差一般不会超过4km,测速误差一般不会超过2n mile/h,潜艇在机动过程中可以持续收到延迟信息,这些信息可以使得目标位置误差和速度误差不引起较大的累积,而且通过一定的运算可以使测速误差进一步缩小。从图9-8和图9-9中可以看出,以20n mile/h为平均值,±2n mile/h的速度误差对于潜艇打击目标概率的影响平均最多不超过0.08。因此,与预警机探测器相比,测位和测速精度对潜艇的打击概率影响相对较小。

根据潜艇在信息引导下进行封锁作战的过程,以红方预警机探测范围、通信延迟、测位精度和测速精度为具体的信息质量指标建立信息质量影响潜艇打击目标概率的模型。经过仿真分析,得出了预警机探测范围和传输延迟是影响潜艇打击概率的主要因素和敏感指标。因此,在选择外部探测器和通信系统时必须引起足够重视。相比之下,预警机测位和测速精度对潜艇打击概率的影响相对较小,因而,在探测器选择时不必过分追求其精度指标。

本章案例根据潜艇自身探测器探测距离与武器打击距离的关系,分两种情况研究预警机协同情况下的探测范围、探测目标位置和速度信息的精确性、通信时间延迟等信息质量指标对潜艇封锁作战能力的影响。研究表明,探测范围和通信延迟是影响潜艇打击概率的主要因素,这主要由于增大通信延迟,减少了潜艇进行有效机动时间,降低了潜艇的侦察范围,从而减少打击水面目标的机会。同时,由于潜艇在机动过程中可以持续收到延迟信息,这些信息使目标位置和速度误差不会引起较大的累积。与因通信延迟产生的有效机动范围减少相比,这些误差对潜艇打击目标概率的影响相对较小。

总之,在有预警机协同的情况下,红方时间延迟大大缩短,同时,红方潜射发舰导弹作用距离大大增加,从根本上提高了红方的打击效果。

参 考 文 献

[1] 任义广,卜先锦,沙基昌.信息质量对潜艇打击目标概率的影响研究[J],海军航空工程学院学报,2007,22(6):670-674.
[2] Bu Xian-jin, Gai Yu-biao, Lu ming. Collaboration Decision Making Using three-Stage Approach in Command Control System[A]//The 15th International Conference on Industrial Engineering and Engineering Management(IE&EM'2008)[C]. Zhengzhou, P. R. China,2008:233-237.

第 10 章　进一步研究的问题

　　协同在军事组织运用中的最大优势在于利用现代通信技术和计算机技术整合组织单元的资源。指挥员利用信息共享,使作战指挥员的认知水平达到理解的一致,增加了决策认知的一致性。协同从本质上是定量技术和定性决策的和谐统一,协同在军事组织中的成功运用使协同成为当今世界各国竞相研究的热点和焦点。

　　聚焦协同亮点的同时,一些令人难以置信的问题随之而来,传统意义上的协同在军事组织行动上往往凸现致命的硬伤,甚至会出现"协同还不如不协同"。协同的失败可能导致整个作战行动的流产等,例如海军航空兵按照空域协同联合攻击敌方水面舰艇编队,参加协同航空兵作战单元(飞机)到达指定空域,而另外的飞机却延误了时间,导致空中集结延迟,可能丧失了战机,甚至遭致毁灭性打击。由于信息技术的进步,开阔了人们的视野,使得人们往往兴奋地看到协同的积极作用,导致协同的消极作用常常被淹没。实际上,协同也是有风险的,消极作用的危害后果更为严重。鉴于这种情况,对待协同的研究要注意全面认识,不可盲从。这里主要指出需要注意以及今后进一步研究的问题。

　　(1) 协同副作用。协同的本质是高层次的协作,其作用既有积极的,也有消极的。特别是在作战节点之间通信畅通度有限制的条件下更是如此。本书在研究协同时着重强调研究指挥员之间达成协同机制和规则的一致性理解,研究协同组织的知识函数的信息熵、协同组织的网络特性等,研究结果突出协同的积极正面作用,没有研究协同消极作用。

　　(2) 协同复杂性。根据 Metcalf 定律,网络的功能与网络中的节点数的平方成正比,所以,从作战节点总能得到有利于协同的大量信息。与之相反,信息过载会导致信息的溢出,会阻碍协同作用的发挥。另外,根据博弈论的有关理论,在不完全信息条件下,并不是信息越多越有利于决策,相反,过量的信息往往不利于决策。信息过载不是减少完成任务所需要的时间,而是延长指挥员和参谋人员筛选所需要信息进行决策的时间。网络节点的增多,导致网络的复杂度增加。因此,当网络复杂性增加时,就需要在增大协调规模与信息过载产生信息溢出之间寻求平衡。

(3) 同步实现问题。协同的终极目标是实现军事组织中协同单元的同步,这种同步在作战中表现为决策同步和火力同步。火力同步效应的发挥依赖决策的同步,由于决策人的经验、水平等并不完全相同,且每个决策指挥员的认识水平也不相同,这就带来一个问题,即不同的决策指挥员的决策不可能完全同步。同步问题是协同最突出的难题。

10.1　协同副作用

协同在军事上是伴随提高海上编队防空交战能力的需要而诞生的,复杂的海上军事行动迫使海军意识到:在现代信息化高技术战争中,面对高速隐身的空中飞行器的威胁,海上编队必须提高防空作战的能力才能够免遭空中威胁。这方面研究最终导致了制定开发协同交战能力(Collaboration Engagement Capability, CEC)技术计划的诞生。

实现合成航迹的信息共享是协同的基础,但是提高网络节点的交互能力是其关键。在协同交战中,作战行为的实施最终是通过决策指挥员的决策实现的,作战网络中的指挥员在共享态势下,对目标进行选择和跟踪,最终落脚点要落实到目标和火力的分配上。所以,协同的副作用主要来自网络节点指挥员的认知的不一致性。这种认知的不一致性会带来时间的延迟、空间的差异等。

时间的延迟是参加协同的节点,由于种种因素的影响,导致协同方在时间上的差异,例如作战组织在确定按照时间进行协同的情况下,参战节点没有按照事先约定的时间到达目的地,或者提前或滞后。这种时间上的差异和不一致性必将牵制和影响整个作战进程,特别是对于时间敏感目标的打击中,这种不一致性会导致协同作战机会的丧失。

空间的差异是作战网络中参战节点未能达到指定空间,使协同作战行动进行滞阻,从而影响整个作战的全局。如海上编队中航空兵协同打击敌方水面舰艇编队,需要在一定空域进行集结,然后集中火力进行打击。由于参战的航空兵飞机未能够到达指定空域,使得飞机的集结受阻,或者到达空间错误,这不仅影响整个作战计划的实施,而且还会导致整个作战行动的流产。

通信手段是实现协同的基础,良好的通信手段固然可为正确协同创造条件,但是,通信手段有时也会带来副作用,例如作战网络中的通信,指挥员可通过网络实现兵力集结、火力的运用等协同指挥,但是指挥员对于网络的认识有可能出现相反的结果。

10.2 协同网络的复杂性

协同是认知科学和系统科学中研究的难题之一,协同的复杂性来自于协同的结构、对象、决策、系统以及决策主体的认知过程。在军事组织协同作战中,无论是按照目标、时间、空间等方式进行协同,还是按照作战其他意图进行协同,其最重要的行为是决策以及决策的后果。协同决策是协同问题的代表作。

协同决策和协同系统是分不开的,协同系统为一人机系统,决策复杂。一般认为,贝塔朗菲创立了一般系统理论(General System Theory,GST)并产生了一些与系统密切相关的理论方法与技术,如运筹学理论、系统工程等。20世纪70年代,钱学森将系统科学分为四层次的学科体系结构框架或称为三层次一个桥梁即基础理论(如系统学)、应用理论(如运筹学等)和工程技术(如系统工程)3个层次,并且将基础理论与哲学连接形成的系统论作为桥梁。

20世纪80年代,"复杂性"(Complexity)作为一个独立的研究对象引起了广泛的关注,并由此开创了一个新研究领域——复杂性科学。目前,复杂性研究仍处于起始阶段,产生的理论和观点相互融合、碰撞,对复杂性尚没有统一的定义。1944年,冯·诺依曼(Neumann)和摩根斯坦恩(Morgenstern)提出了基于期望效用值(Expected Utility Value)理论标志着现代决策理论的开始。但到目前为止,决策科学的理论仍很繁杂,没有真正形成体系。

协同决策来源于计算机支持的协同工作,既有理论性,又有很强的实践性,是一门研究多个决策群体的认知、评价和实践价值的科学,它为人类的价值活动提供科学理论和方法。但是,当价值对象从简单到复杂时,协同决策理论的内容差异很大。

10.2.1 协同决策复杂性

协同决策的复杂性主要来自于决策问题本身、决策者行为以及组织结构的复杂性。自 Neumann 和 Morgenstern 提出期望效用理论以来,现代决策科学才真正得以发展。期望效用理论是一种规范决策理论,但是,主观效用的假设前提、效用的衡量、评价决策理论和技术一直无法真实反映决策面临的真实问题,也无法反映个人和社会价值。所以,从20世纪50年代开始,人们越来越认识到人类认知心理的多元性和复杂性,决策应从追求结果转向追求过程,从而产生了行为决策理论。行为决策理论注重对人的心理、行为和认知的分析,也注重决策的环境和决策意义分析,这些分析是一种定性的描述,但是不能为寻求最优或满意解而构造复杂的多变量模型。尽管行为决策理论解决了一些无法定量的主观决策问题,但它终究不能替代效用决策,两者不能够相互调和和包容,而是并行发展[1]。

处理复杂决策问题,过分依赖于效用理论是不行的,仅仅依靠人的价值观的量化和比较无法反映决策的真实内涵。同样,过于依赖人的心理、行为分析来处理决策问题也无法把握决策的真实内涵。期望效用理论和行为决策理论只是各自描述了决策现实中的部分真实内容,无法完整地提升到决策理论层面。直到 H. A. 西蒙(Simon)提出"理性有限性"理论后,改变了人们对价值认知和评判复杂性的认识,从而扭转了效用理论和行为决策理论长期平行发展的局面,产生了基于定性和定量相结合的现代决策科学方法论。

伴随决策问题和决策分析方法的复杂性,单个决策已经不能满足其需要,出现了多人决策。但是随着信息技术和知识的发展,决策环境复杂多变,人的知识与认知难以分离,加上现实决策问题本身复杂性,导致了决策难度越来越大,多人决策也开始出现了分化,先后出现了协同决策、合作对策等决策模式[2]。

协同决策的提出得益于军事指控组织的决策设计的牵引,它将地域分散的决策群体借助计算机及其网络技术,共同协作来完成一项任务,其研究目标是提高群体中各成员间的协调配合水平。但是,由于决策群体结构不同,对最终的决策效果影响不同,例如,"总体目标的协调"和"具体任务协作"是在两种不同层次结构上的协同工作。前者研究任务划分和分工细化,对时间要求没有限制;而后者要求群体成员针对具体的任务和目标进行协同工作,对时间要求有明确的限制。协同决策的起步较晚,但是发展较快,由于其决策结构层次多、分析、决策难度大等原因,使之应用受限,因而研究进展缓慢。

10.2.2　决策主体认知一致性

协同的度量是在物理域、信息域、认知域、社会域内进行的,其中最难以度量的标准是认知域内决策指挥人员认知的一致性。决策主体的认知本质上属于行为决策范畴。参考文献[3]专门研究了协同决策设计,其中最为重要的是决策主体认知一致性的检验实验。影响 C^2 系统协同决策设计关键因素有两个:一是整体目标的实现,即决策者互相协调以达到的整体目标;二是决策者的能力,即决策者是否有能力做好自己的工作。为了研究人的特性,具体分为3阶段来描述该问题。即规范阶段:协同决策理论的规范与描述方法;执行阶段:实验环境设计、决策者能力的测试、综合阶段:综合验证与迭代优化。具体步骤如图10-1所示。

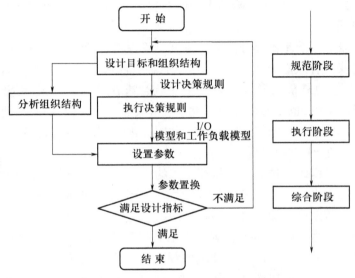

图10-1 协同决策的认知一致性检验设计

决策人的认知一致性需要平时的训练,与决策人的本身水平等有关。上述实验环境的建立是对决策者能力的一种检验,其处理结果涉及很多心理学方面的知识,例如,认知广度和深度等。决策主体的认知一致性问题是一个世界性的难题,特别是在军事组织的协同设计中,其作用在当前和今后一段时间仍然是一个难题。

10.2.3 复杂性与风险

复杂性研究目前不仅仅是一个研究领域的问题,而是冲击人们认识思维的问题。复杂性研究繁荣的背后是一种无序,研究复杂性的学者不见得各个都承认复杂性客观存在性。对于复杂性科学,有的追求一种元科学的建立,而有的则认为复杂性是事物具体而不是表现出来的复杂性,没有抽象的复杂性。复杂性存在于不同学科领域中的不同问题探索者的脑海里,只有在各门具体学科领域中开展和坚持这种与复杂性相关的问题研究人们才能真正取得有效的知识,如果一味追求一统的普适的知识体系,似有走 GST 的路子。

复杂系统是不能分解成一系列可管理或可预测的模块。诺贝尔奖获得者默里·盖尔曼指出"只有在全序与完全紊乱的中间区域,有效的复杂性可能很高。"全序就意味着线形可预测,完全紊乱是随机的,也是不可测的。复杂系统具有下列特性,即非线性交互、分散控制、自组织、非平衡序、共同进化等,毫无疑问,这正是军事组织在 21 世纪呈现的重要特征。

军事组织的这些重要特征带来的许多问题可以通过提高人的决策能力来加以克服,所以,复杂性本身不是问题,但是复杂性在协同中带来的风险不可低估。协同的风险在于有时后果严重。协同复杂性直接或者间接影响着与态势相关的风险级别,其直接影响是因为协同复杂性使对环境的预测不确定,因而改变了态势参数。例如按时间协同,协同的一方在突遇其他情况,导致未能够按照制定时间到达指定地点,这样根据预期计划选定的决策规则就会发生变化,不仅增加了决策的不确定性,而且增加了与任意决策方法相关的风险。协同复杂性的间接影响是与态势有关的风险,主要表现在个体对不确定性的忍受通常是非线性的,不确定性的增加将带来更高的风险。

10.3 同步的实现问题

军事组织协同行动中,作战人员如何有效地利用自同步问题是军事组织的核心命题,由于目前关于自同步方面的知识相对较少,人员在军事行动的一开始,在军事专家的参与下,实施有效的自同步,需要考虑高质量的态势感知、高度的感知共享、贯穿军事风格及组织的高度一致的指挥意图,所有作战分队、职能部门到组织的高度权限、高度信任以及所有的各种关系。当然还有一些其他的问题,例如指挥员中的领导类型,在作战中组织、指挥和文化差异等。

　　同步是在时间和空间方面有目的安排,实现同步必须在物理域内完成的。从同步的实现看,同步是通过协同来实现的,所以同步是协同的最高境界。参加协作的作战组织实体,在实现同步的过程中,先后经历冲突、回避冲突、同步三个阶段。冲突是协同组织实体相互干扰,例如海湾战争中美军和英军的误伤导致的人员伤亡。解决的办法是回避冲突,即通过在时间和空间方面进行分离,通过具体的指挥和控制手段,例如,为了防止友军的误伤而采用的确立安全线的办法,为进攻部队指定责任区等。协同是作战组织为了实现目标的期望彼此采用的行动,如海上潜机协同打击敌海上编队的行动:一方面空中预警机发现敌编队目标,并及时将信息通过岸基指挥所通过长波不落地方式传送给水下的潜艇,指挥潜艇发射潜射反舰导弹;另一方面,预警机能及时为潜射反舰导弹进行制导。潜艇和预警机的行动互相得到了加强。

　　网络条件下的海上作战,其最理想的作战理念是使鲁棒形网络实现自同步,从而提高作战效能。随着信息技术和网络中心行动理论的发展,不仅要求信息优势转化为指挥员的决策优势,而且更加强调决策优势转化为具体的火力优势,也就是说,网络化作战组织协同产生的同步逐步实现从注重手段同步到注重结果同步的转移。作战组织协同的期望是实现决策、行动以及部队要素的同步,获得这种同步是多种要素的结果。指挥和控制是实现同步最基本的手段,集中指挥和控制是获得这种同步最为有效的方法,而网络化作战组织是扁平化结构,指挥控制并不能集中,这就需要在协同之前,制定详细周密的协同计划和实现自同步的各种条令。例如,RAND 公司关于 Link16 对作战的影响案例中,由于飞行员以及共享的指挥意图,参与飞行员能够高效集成 Link16 系统提供的共享信息,形成共享的作战空间理解。因此可以用最小的代价,实现对战术行动的同步。

综上所述,协同的最高境界就是实现同步,包括决策实体的同步、作战计划要素的同步、期望行动实体的同步、决策与作战计划的同步。度量这些同步无非是看冲突、回避冲突、同步占整个份额的百分比,但是这仍然是一个抽象的概念,很难进行量化。

10.4 进一步的研究工作

协同作为信息技术发展对作战行动提出的要求,已经经历了20多年,取得得具有划时代成果是美国开发的 CEC 系统。CEC 的开发远没有结束。主要将在3个方面开展研究。一是增大数据的传输速率。CEC 将采用 GPS 数据,使数据传输率大大增加,同时,将选择使用较小的帧减少时间延迟,采用多波束天线允许进行点对多点的通信。二是 CEC 还将从视距通信转移到卫星通信。三是进行综合集成,将精确的电子侦察设备综合到 CEC 中,采用功率强大的 CEC 发射机进行干扰的思想也正在探索中。CEC 发展的下一阶段将是系统能够用于对付弹道导弹。

CEC 系统的发展趋势成为牵引协同理论研究的典范。在信息技术高度发达的今天,无论从协同本身看,还是从协同作战的战术应用看,加强对协同理论、协同技术、协同作战的研究是必要的。本书给出的只是系统地研究协同的理论成果,也比较肤浅。下面给出对于协同的进一步研究工作。

(1)加强对协同副作用的研究。协同可以带来两方面的效果,既有积极的,也有消极的,特别是在作战节点之间通信畅通度有限制的条件下更是如此。但是在描述协同效果模型中,如何在决策的质量、信息质量方面正确反映这两种效果,是一个值得深入研究的课题。

(2)加强网络的复杂性研究。所有的网络都存在复杂性问题,只是程度不同而已,包括作战指控网络在网络中心环境内的操作。挑战在于了解复杂度的性质、效果和如何量化的问题。网络复杂度具有好坏的两方面作用。一方面网络增加了作战节点之间的连接,为协同提供了条件;另一方面,网络给可用的信息造成拥挤,还有网络冗余等问题。

如果作战节点连接数由幂律分布抽样获得,并考虑网络中节点的入度是一个随机变量,那么该网络就成为"无标度"网络;如果节点入度由连接数的正态抽样获得,那么该网络就是随机型网络。研究随机型网络就要考虑网络遭受攻击时的易损性等问题。如果基于网络条件下的指控系统协同效果的描述考虑到上述因素,那么描述方法将更加规范,这也是今后进一步要做的工作。

(3) 加强对同步实现的研究。协同的目的是为了实现同步。由于协同是定性和定量相结合过程,既具有定量的自然属性,也包含认知领域的社会属性,所以,实现协同是一个指挥艺术→实践→指挥艺术的过程。只有通过建立大量的实验,建立指挥和控制人员良好的伙伴关系,才能够实现协同的飞跃,这将是协同实现方法的重大课题。

参 考 文 献

[1] 卜先锦,战希臣,刘晓春.两种群决策模式对决策效果的影响[J],海军航空工程学院学报,2008(6):681-685.

[2] Bu Xian-jin, Gai Yu-biao, Sha Ji-chang. On the Effect of Organization Structure on Group Decision and Collaboration Decision[J]. EMS & ISM 2008 Conference Program, Dalian, China, Oct., 2008.

[3] Bu Xian-jin, Dong Wen-hong, Shan Yue-chun, et al. Research on Collaboration Decision Design of ComplexityC2 System [J]. Journal of China ordnance, 2008(4): 306-311.

内 容 简 介

本书在对协同及协同作战定性分析基础上,结合海上协同作战案例,采用解析和仿真方法,建立相关模型,系统地定量研究军事组织协同结构、过程、网络效应和评估问题。

本书主要内容分为 10 章:第 1 章为概述,介绍有关协同的概念。第 2 章介绍协同有关的理论、方法与技术,提出基于协同的三种协同模式。第 3 章引入"簇"的概念研究军事组织的协同结构,提出了"簇"的分割方法。第 4 章,采用 Bayes 假设检验方法,分析协同机制,建立有或无通信损失下协同决策规则和协同效果模型。第 5 章分析影响协同因素的不确定性,建立相关的知识熵模型。第 6 章,分析作战组织的网络复杂性,建立网络协作模型,并用探索性分析方法加以验证。第 7 章,分析协同作战的网络效应,建立协同交战的网络化效果模型,提出交战网络的核心迁移。第 8 章对协同的度量与评估进行分析。第 9 章,介绍协同作战设计,并给出一个协同应用案例。第 10 章,指出协同存在的问题及研究方向。

本书是作者多年来对协同作战的研究成果,其内容反映了军事运筹和组织决策领域的新思想和新理论,可作为高等院校军事学研究生课程的教材,也可作为有关军事指挥人员和工程技术人员参考书。

In this book, some military organization problems such as cooperation structure, processes, network effects and evaluations were studied systematically and quantificationally, based on qualitative analysis both cooperation and cooperation combat, by a case about cooperation combat on the sea, by analytics and simulation to establish some correlative models.

There are ten chapters in the book. The first chapter introduced some conceptions on cooperation summarily, the second chapter introduced some correlative theories, methods and technologies, and three modes based cooperation. The conception on cluster was introduced for studying cooperation structure of military organization, and the segmentation of cluster was presented in the third chapter. And then, cooperation mechanisms were analyzed, cooperation decision-making regulations and cooperation effect models were put forward under the conditions of the loss of communication and non-communication based on Bayesian hypothesis test. In the fifth chapter, a lot of uncertainty elements were analyzed, and knowledge entropy models were established. In succession, the complexities of combat network organization were analyzed; network collaboration model was put forward and validated by exploratory analysis. The seventh chapter analyzed network performances and effects of cooperation combat, especially, the conception of network core transfer was presented for establish network effects models. Measure and evaluation of cooperation was analyzed in the eighth chapter. Then, cooperation combat design and a case were introduced. At last chapter, some problems and study directions of cooperation would be pointed out in the future.

The book was a production which author study cooperation and cooperation combat in recent years, its content reflected new thought and theory in domain of military operation research and organization decision making. So, Therefore, the book may be regarded as textbook for graduate students on high school, and was referenced for some people both military commanders and technique personnel, too.

作者简介

卜先锦，1964生于安徽和县，军事科学院研究员，博导，首席专家。先后毕业于海军航空工程学院、国防科学技术大学，中国指控学会理事，中国系统工程学会决策科学专委会副主任委员，全军军事建模竞赛命题专家组成员。长期从事军事运筹、决策分析、作战实验方面的研究。

近年来，主持国家自然科学基金等5项，主持或参与完成国家和军队各类科研课题20余项，出版《管理系统工程原理与应用》《装备管理决策分析概论》等著作4部，第一作者发表论文50余篇。获军队科技进步一等奖1项、二等奖5项，全国优秀科技工作者。